Ähnliche Figuren

1 Die Quader sind zueinander ähnlich. Bestimme jeweils das Volumen.

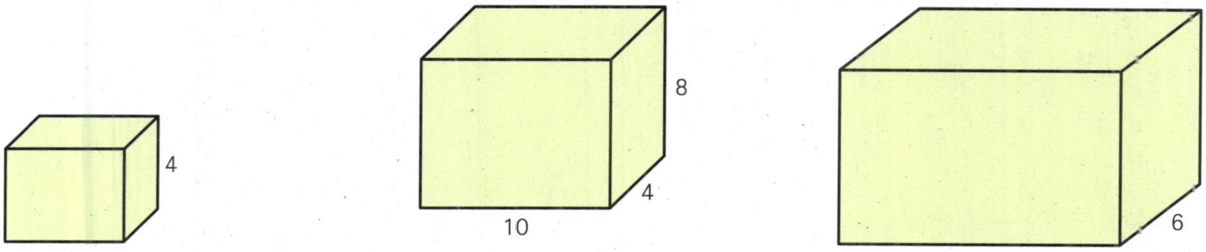

V = ____________ V = ____________ V = ____________

2 Welche Aussagen sind wahr, welche falsch? Gib gegebenenfalls ein Gegenbeispiel an.
Vierecke sind zueinander ähnlich, wenn sie übereinstimmen ...

		wahr	falsch	Gegenbeispiel
a)	... in den entsprechenden Winkeln.			
b)	... in den entsprechenden Seitenverhältnissen.			
c)	... in den entsprechenden Winkeln und Seitenverhältnissen.			

3 a) Sind bei diesem Bilderrahmen das innere und das äußere Rechteck zueinander ähnlich? Begründe.

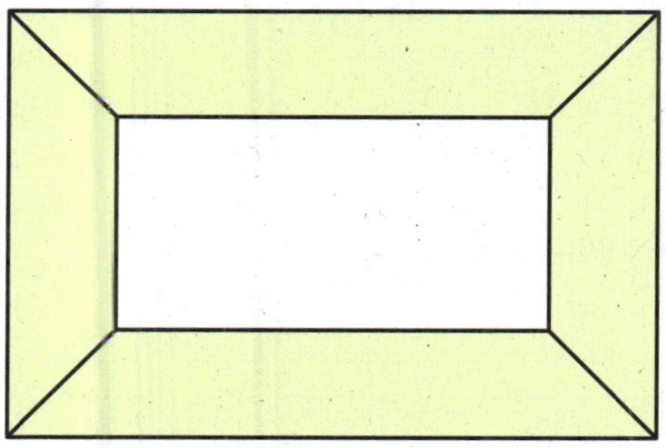

b) Zeichne Bilderrahmen mit gleich breiten Leisten, bei denen das innere und das äußere Rechteck zueinander ähnlich sind.

4 Sind die Dreiecke ABC und DEF zueinander ähnlich?

	Dreieck ABC	Dreieck DEF	ähnlich	nicht ähnlich
a)	$a = 4\,cm$; $b = 6\,cm$; $c = 8\,cm$	$d = 6\,cm$; $e = 9\,cm$; $f = 12\,cm$		
b)	$\alpha = 45°$; $\beta = 90°$; $\gamma = 45°$	$\delta = 45°$; $\varepsilon = 80°$; $\varphi = 55°$		
c)	$\alpha = 60°$; $b = 3{,}5\,cm$; $c = 3{,}5\,cm$	$\delta = 60°$; $d = 3{,}5\,cm$; $e = 3{,}5\,cm$		
d)	$a = 3\,cm$; $b = 4\,cm$; $c = 5\,cm$	$d = 3\,cm$; $\varepsilon = 45°$; $\varphi = 90°$		

Zentrische Streckung

1 Zeichne das Viereck ABCD mit A(−2|−1), B(0|−2), C(2|0) und D(−1|1).

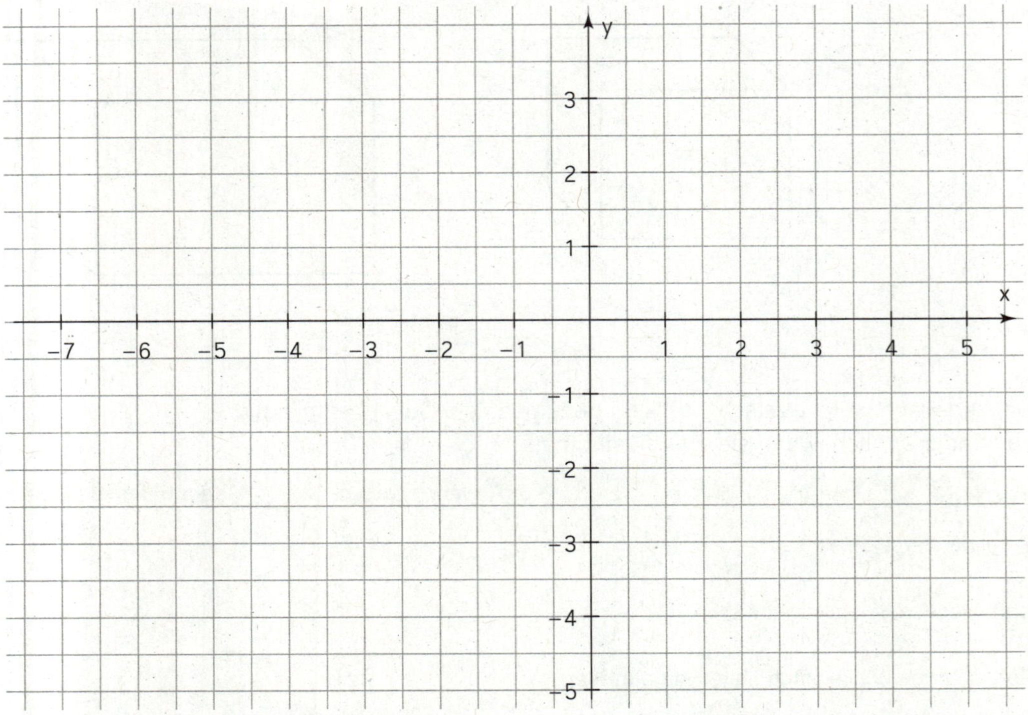

Führe die zentrischen Streckungen mit Zentrum Z und Streckfaktor k durch und gib die Bildpunkte an.

	A′	B′	C′	D′
a) Z(0|0); k = 2				
b) Z(3|0); k = 1,5				
c) Z = A; k = 0,5				

2 Welche der grünen Figuren ist durch eine zentrische Streckung entstanden?
Zeichne, wenn möglich, das Streckzentrum ein.

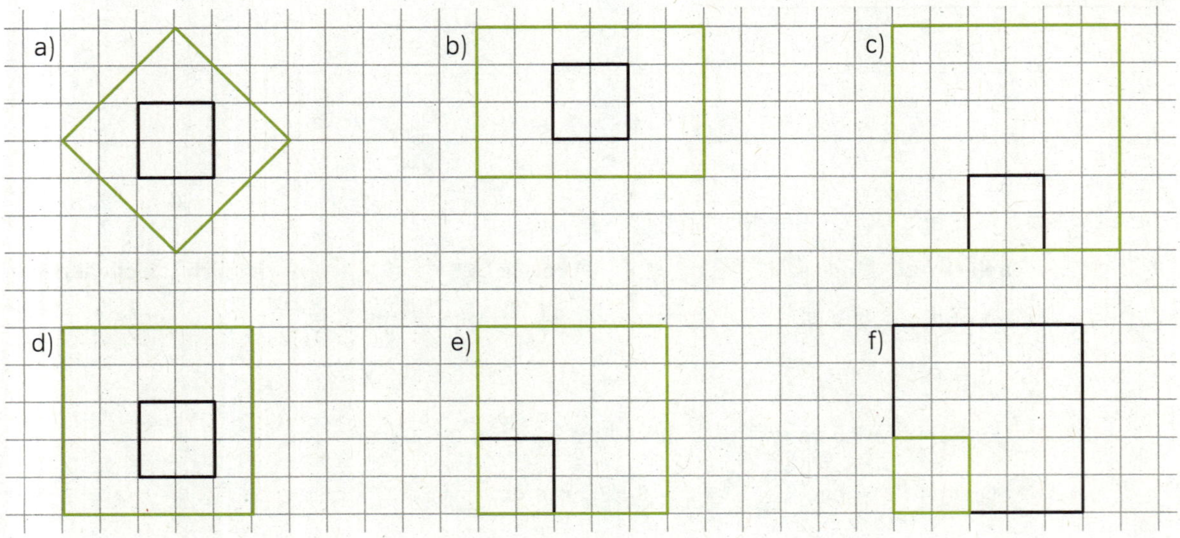

Streckzentrum, Streckfaktor

1 Führe die zentrische Streckung mit dem Streckfaktor 3 für die drei Streckzentren Z_1, Z_2 und Z_3 aus.

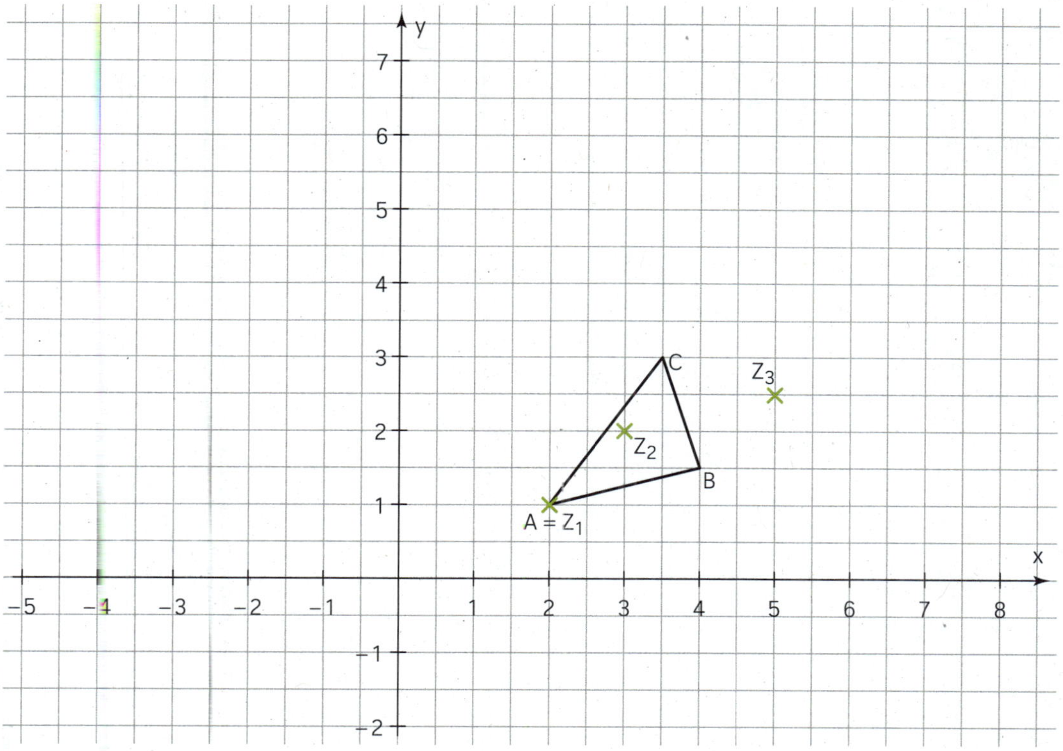

Gib die Bildpunkte an:

	A′	B′	C′
a) Z_1; k = 3			
b) Z_2; k = 3			
c) Z_3; k = 3			

2 Die grüne Figur ist durch eine zentrische Streckung aus der grauen entstanden.
Zeichne das Streckzentrum ein und bestimme den Streckfaktor.

a)
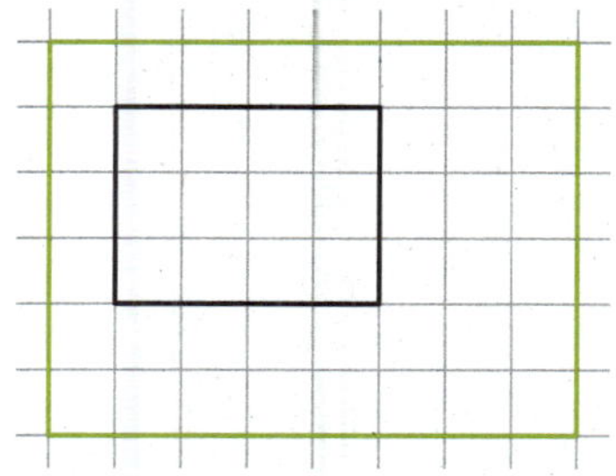
k = ______

b)
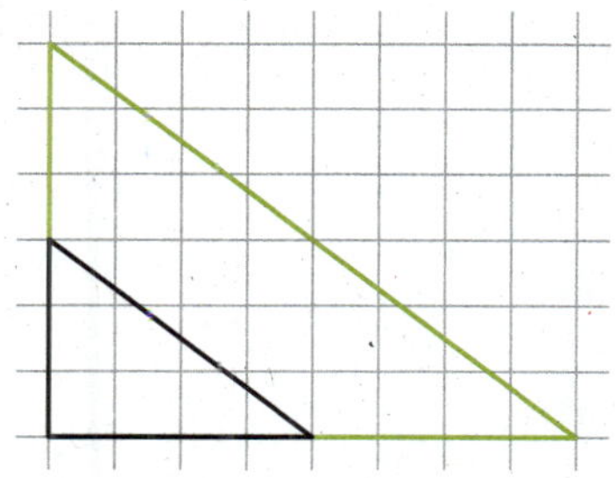
k = ______

c)
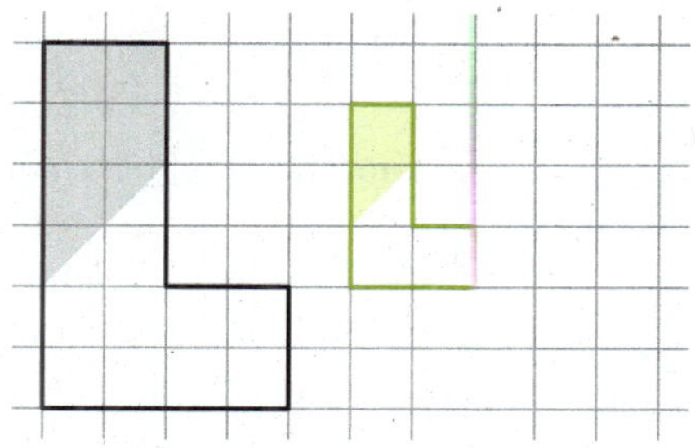
k = ______

d)
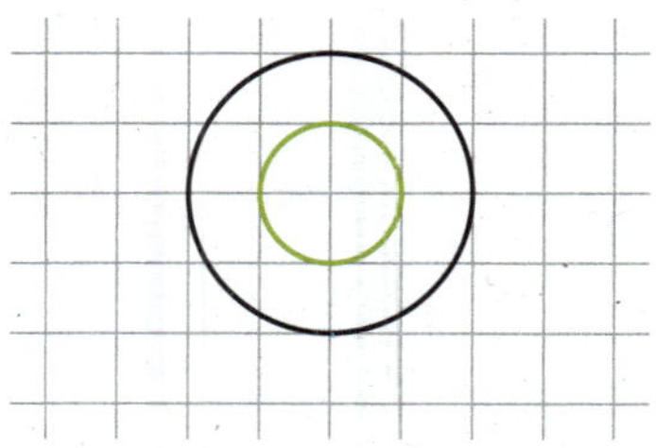
k = ______

e)
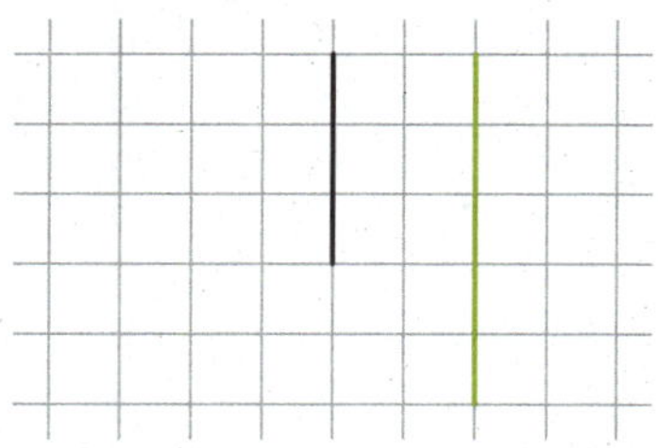
k = ______

f)
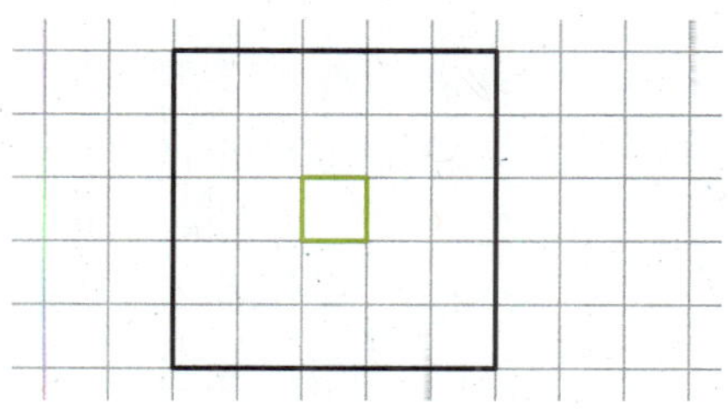
k = ______

Längen, Flächeninhalte und Volumina bestimmen

1 Vervollständige die Tabelle.

	a)	b)	c)	d)
Originallänge	20 cm	8 cm		80 cm
Streckfaktor	$\frac{2}{5}$		2,5	
Bildlänge		48 cm	20 cm	16 cm

2 a) Führe die zentrischen Streckungen mit Z(3|0) und $k = 2$ sowie Z(2|1,5) und $k = 3$ für das Dreieck ABC mit A(3|1), B(5|1) und C(5|2,5) durch.

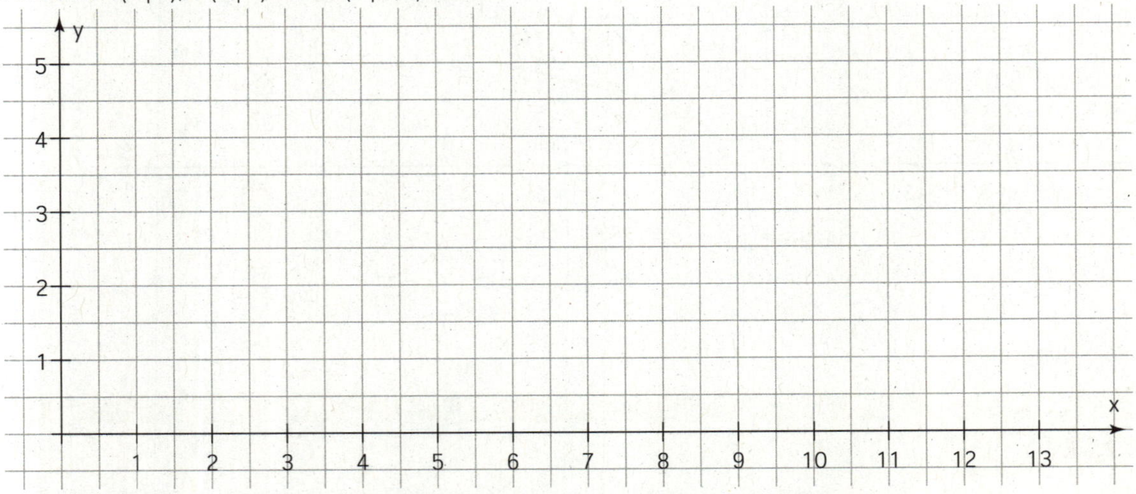

b) Wie verhalten sich die Umfänge und Flächeninhalte der Dreicke zueinander?

	Umfang	Flächeninhalt
Dreieck ABC		
Dreieick mit Z(3|0); k = 2		
Dreieck mit Z(2|1,5); k = 3		

3 Ein Quader mit den Kantenlängen 2 cm, 3 cm und 4 cm wird unter einer zentrischen Streckung mit dem Streckfaktor $k = 2$ und mit einem Eckpunkt als Streckzentrum abgebildet.

a) Zeichne die Schrägbilder der Quader (1 Kästchen = 1 cm).

b) Wie groß sind die Volumina der Quader?

Quader ____________

Bildquader ____________

Das Volumen des Bildquaders ergibt sich als das ________-fache des Quaders.

c) Wie goß sind die Oberflächeninhalte der Quader? Quader ____________ Bildquader ____________

Der Oberflächeninhalt des Bildquaders ergibt sich als das ________-fache des Quaders.

1. Strahlensatz

1 Miss, trage die entsprechenden Werte in die Zeichnung ein und berechne die Verhältnisse.

a)

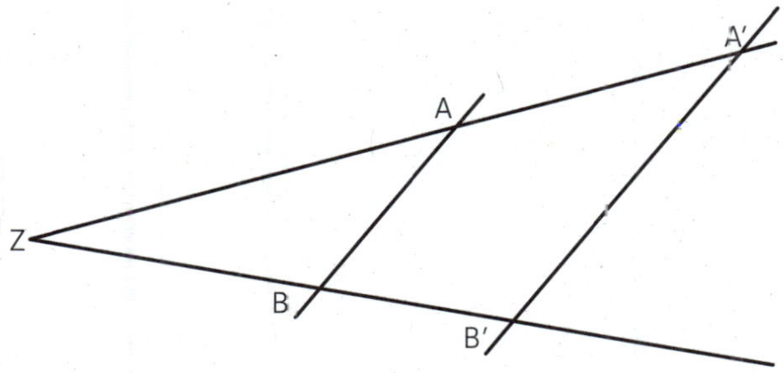

Verhältnis	Verhältnis
$\overline{ZA}:\overline{ZA'}$	
$\overline{ZB}:\overline{ZB'}$	
$\overline{ZA}:\overline{AA'}$	
$\overline{ZB}:\overline{BB'}$	
$\overline{AA'}:\overline{ZA'}$	

b)

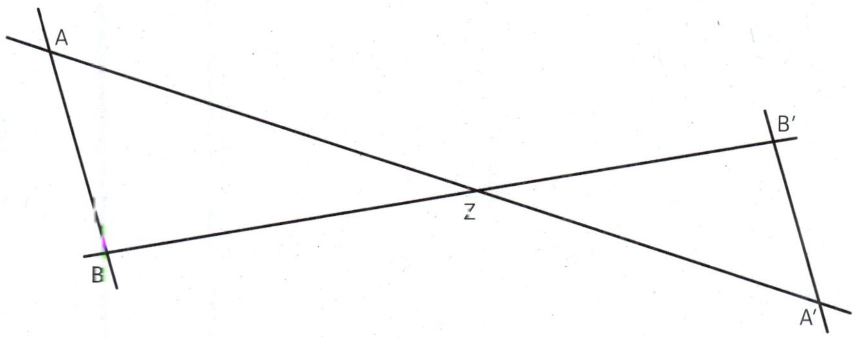

Verhältnis	Verhältnis
$\overline{ZA}:\overline{ZA'}$	
$\overline{ZB}:\overline{ZB'}$	
$\overline{ZA}:\overline{AA'}$	
$\overline{ZB}:\overline{BB'}$	
$\overline{AA'}:\overline{ZA'}$	

2 Ergänze in der Skizze die fehlenden Längen.

a)

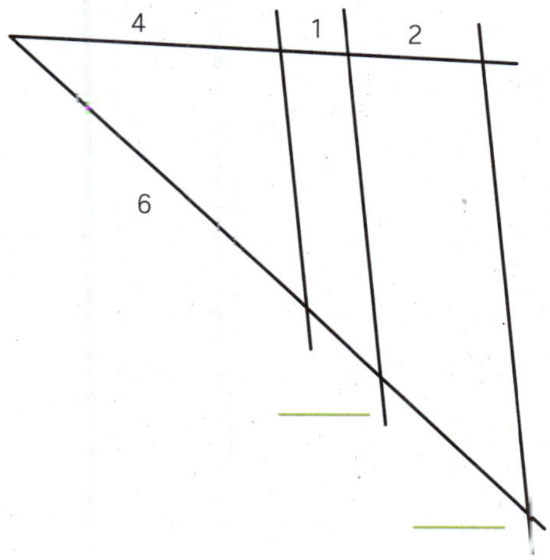

b)

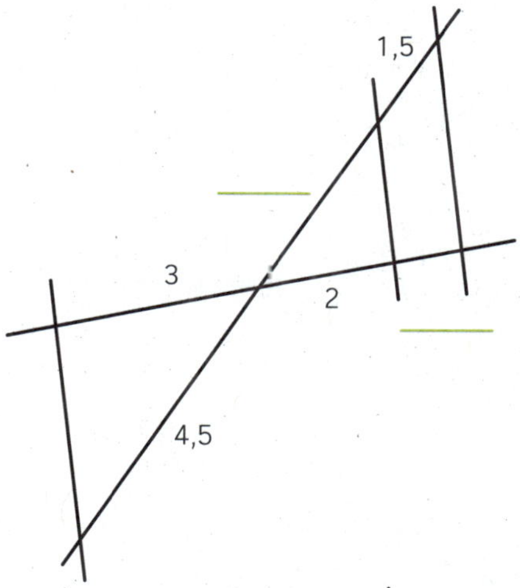

3 Berechne die fehlenden Längen.

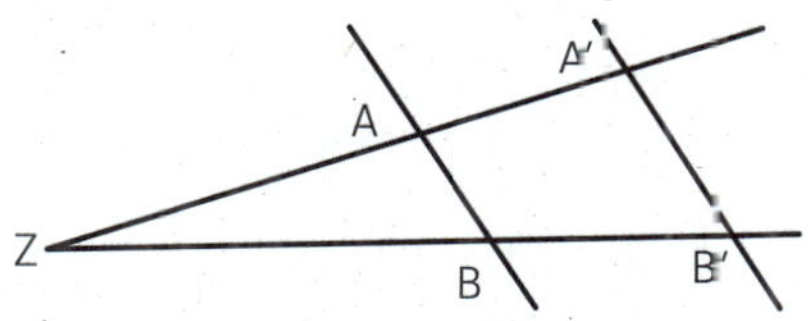

	$\overline{ZA}$	$\overline{ZA'}$	$\overline{AA'}$	$\overline{ZB}$	$\overline{ZB'}$	$\overline{BB'}$
a)	4 cm	6 cm		5 cm		
b)		3 cm	2 cm		6 cm	
c)			3 cm		20 cm	12 cm
d)	5 cm		1 cm		8 cm	
e)		4 cm		4 cm		4 cm

1. Strahlensatz

1 Ergänze die Verhältnisgleichungen.

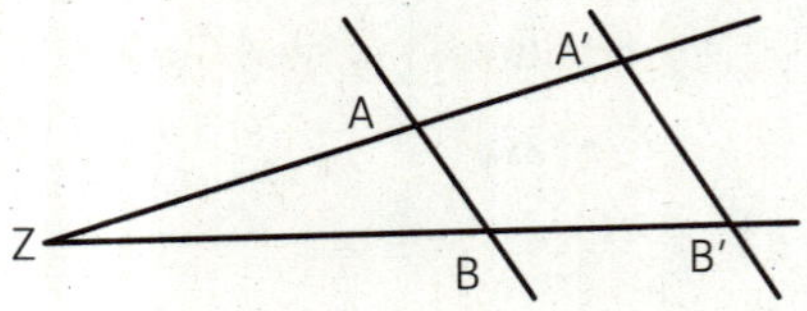

a) $\frac{\overline{ZA}}{\overline{ZA'}} =$ ______________________

b) $\frac{\overline{AA'}}{\overline{ZA}} =$ ______________________

c) $\frac{\overline{ZB'}}{\overline{BB'}} =$ ______________________

2 Berechne die Länge der Strecke x.

a)

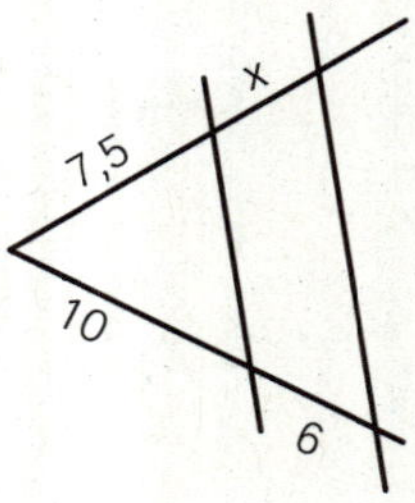

Verhältnisgleichung: ______________________

nach x aufgelöst: ______________________

x = ______________________

b)

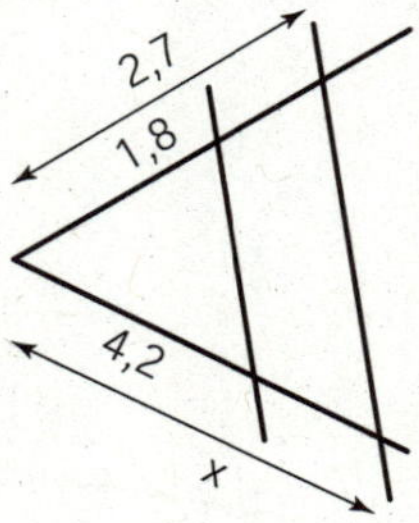

Verhältnisgleichung: ______________________

nach x aufgelöst: ______________________

x = ______________________

c)

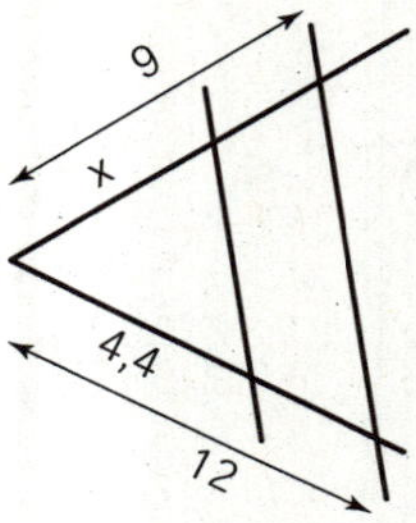

Verhältnisgleichung: ______________________

nach x aufgelöst: ______________________

x = ______________________

d)

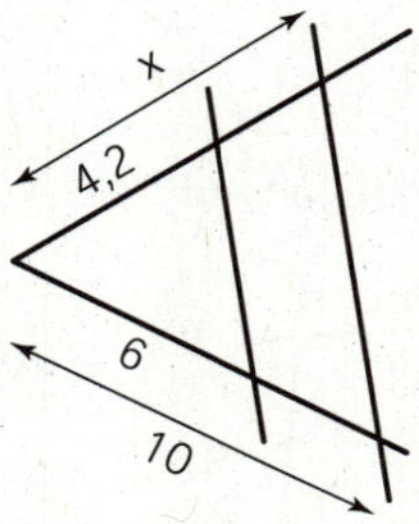

Verhältnisgleichung: ______________________

nach x aufgelöst: ______________________

x = ______________________

e)

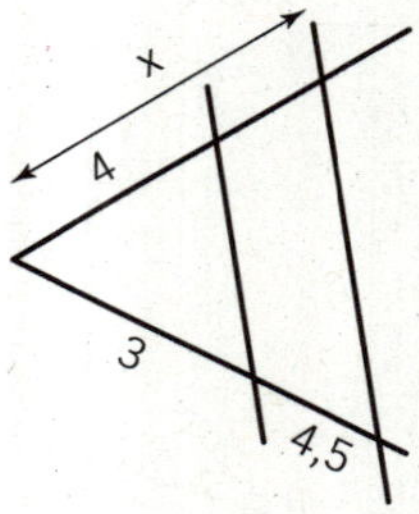

Verhältnisgleichung: ______________________

nach x aufgelöst: ______________________

x = ______________________

f)

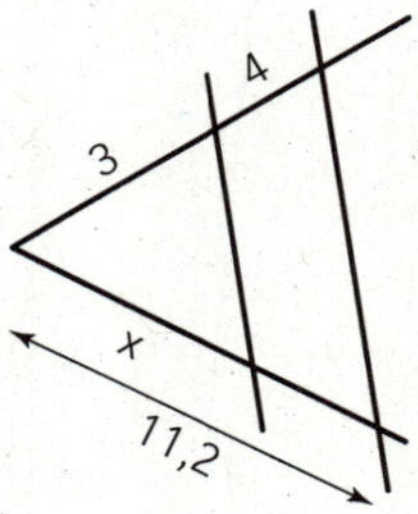

Verhältnisgleichung: ______________________

nach x aufgelöst: ______________________

x = ______________________

g)

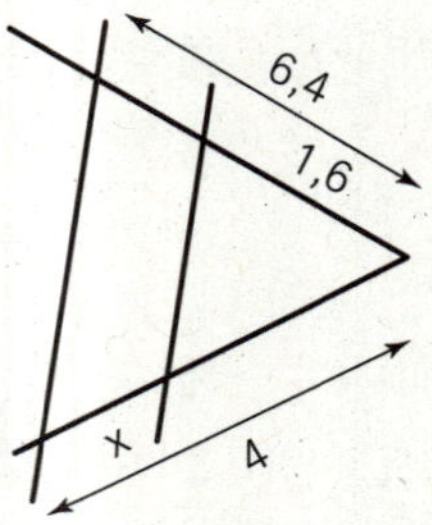

Verhältnisgleichung: ______________________

nach x aufgelöst: ______________________

x = ______________________

h)

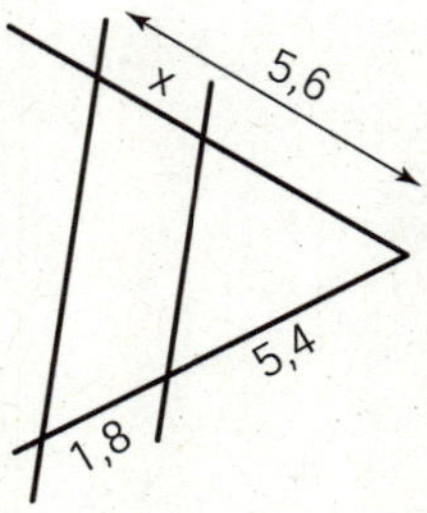

Verhältnisgleichung: ______________________

nach x aufgelöst: ______________________

x = ______________________

2. Strahlensatz

1 Miss, trage die entsprechenden Werte in die Zeichnung ein und berechne die Verhältnisse.

a)

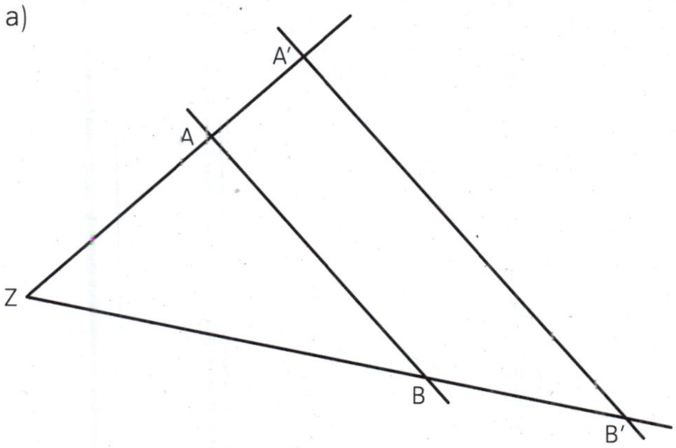

Verhältnis	Verhältnis
$\overline{AB}:\overline{A'B'}$	
$\overline{ZA}:\overline{ZA'}$	
$\overline{ZB}:\overline{ZB'}$	
$\overline{ZB}:\overline{BB'}$	
$\overline{A'B'}:\overline{AB}$	

b)

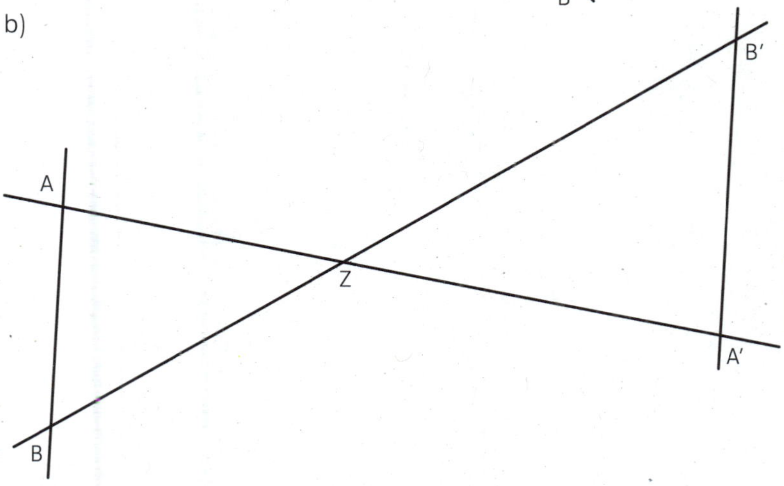

Verhältnis	Verhältnis
$\overline{AB}:\overline{A'B'}$	
$\overline{ZB}:\overline{ZB'}$	
$\overline{ZA}:\overline{ZA'}$	
$\overline{ZB}:\overline{BB'}$	
$\overline{A'B'}:\overline{AB}$	

2 Ergänze in der Skizze die fehlenden Längen.

a)

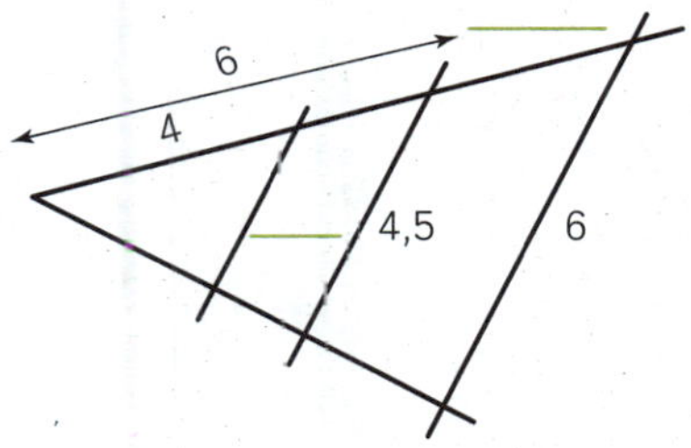

b)

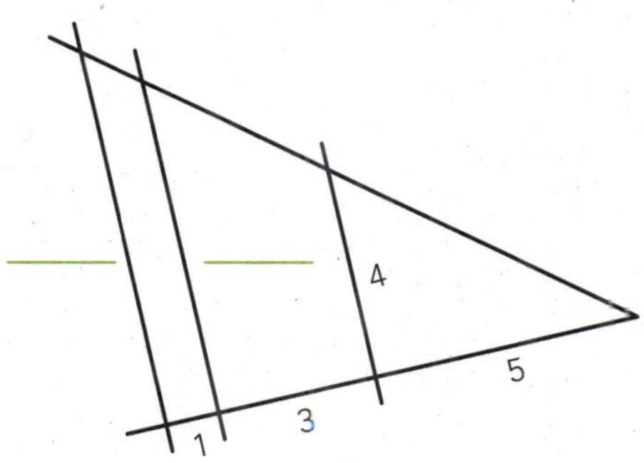

3 Berechne die fehlenden Längen.

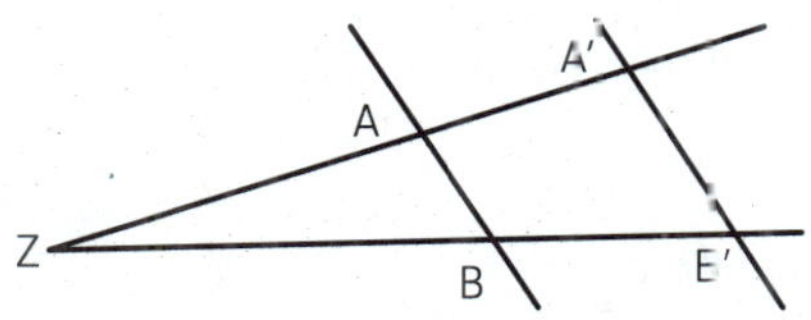

	$\overline{ZA}$	$\overline{ZA'}$	$\overline{AB}$	$\overline{A'B'}$	$\overline{AA'}$
a)	4 cm	6 cm	3 cm		
b)		4 cm	3 cm	4 cm	
c)	6 cm	8 cm		10 cm	
d)	5 cm		4 cm		10 cm

2. Strahlensatz

1 Ergänze die Verhältnisgleichungen.

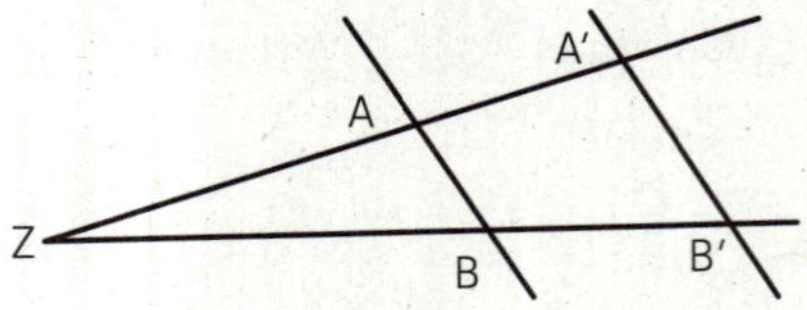

a) $\frac{\overline{ZA'}}{\overline{A'B'}} =$ ______________________

b) $\frac{\overline{AB}}{\overline{ZB}} =$ ______________________

c) $\frac{\overline{A'B'}}{\overline{AB}} =$ ______________________

2 Berechne die Länge der Strecke x.

a)

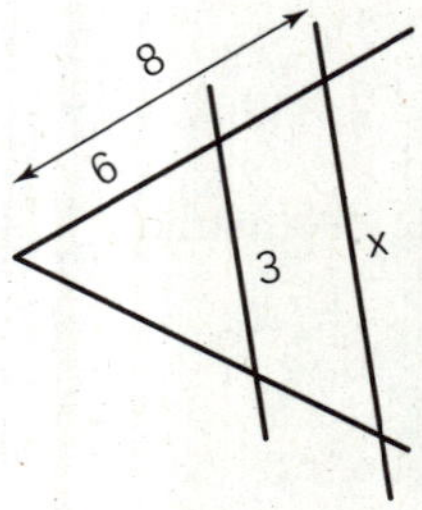

Verhältnisgleichung: ______________________

nach x aufgelöst: ______________________

x = ______________________

b)

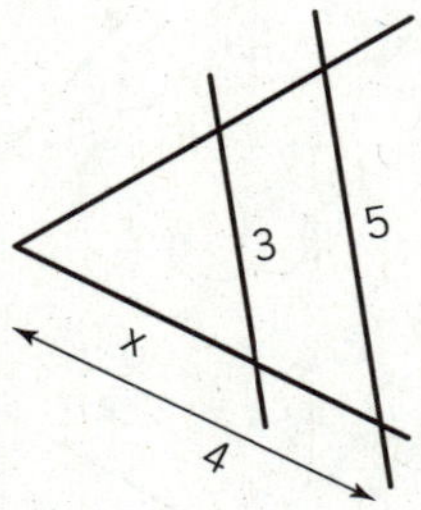

Verhältnisgleichung: ______________________

nach x aufgelöst: ______________________

x = ______________________

c)

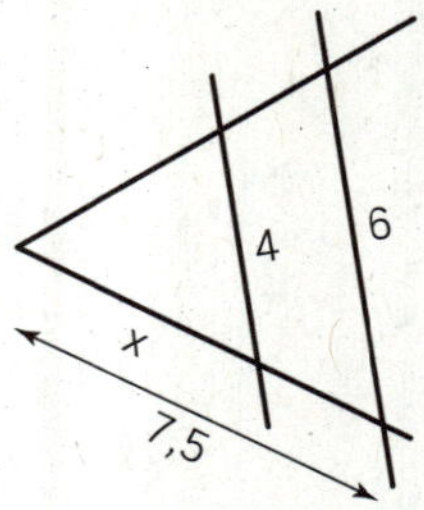

Verhältnisgleichung: ______________________

nach x aufgelöst: ______________________

x = ______________________

d)

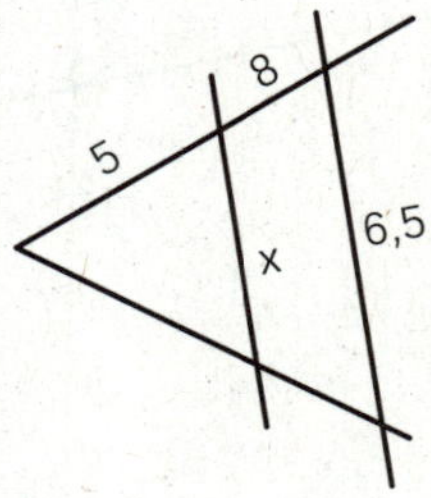

Verhältnisgleichung: ______________________

nach x aufgelöst: ______________________

x = ______________________

e)

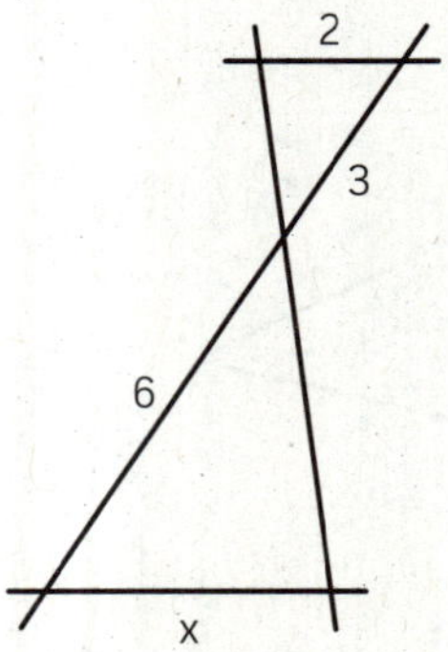

Verhältnisgleichung: ______________________

nach x aufgelöst: ______________________

x = ______________________

f)

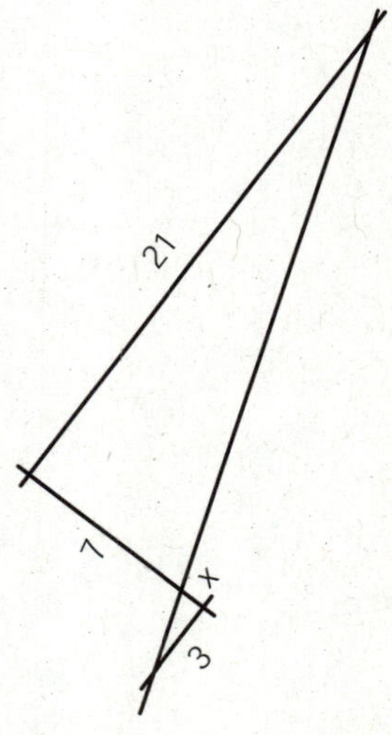

Verhältnisgleichung: ______________________

nach x aufgelöst: ______________________

x = ______________________

3 Berechne die Länge der vierten Strecke.

a) $\overline{ZA} = 5\,cm$ $\quad$ $\overline{ZA'} = 7\,cm$ $\quad$ $\overline{AB} = 4\,cm$ ______________________

b) $\overline{ZA} = 3\,cm$ $\quad$ $\overline{AB} = 4\,cm$ $\quad$ $\overline{A'B'} = 12\,cm$ ______________________

c) $\overline{ZB} = 5\,cm$ $\quad$ $\overline{ZB'} = 25\,cm$ $\quad$ $\overline{A'B'} = 4\,cm$ ______________________

d) $\overline{AB} = 3\,cm$ $\quad$ $\overline{A'B'} = 4\,cm$ $\quad$ $\overline{AA'} = 2\,cm$ ______________________

Strahlensätze

1 Stelle mit den gegebenen Längen eine Verhältnisgleichung auf.

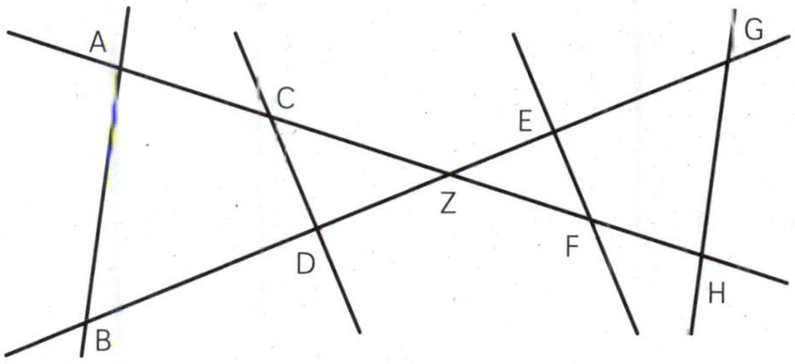

AB ∥ GH und CD ∥ EF

a) $\overline{AB}, \overline{ZB}, \overline{ZG}$ ____________

b) $\overline{ZC}, \overline{ZE}, \overline{ZF}$ ____________

c) $\overline{ZD}, \overline{CD}, \overline{EF}$ ____________

d) $\overline{ZA}, \overline{ZB}, \overline{ZG}$ ____________

2 Welche Verhältnisgleichungen sind richtig?

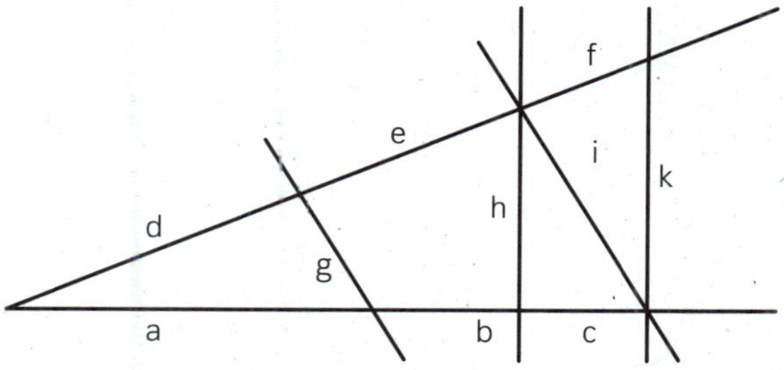

g ∥ i und h ∥ k

		wahr	falsch
a)	$\frac{d}{e} = \frac{g}{i}$		
b)	$\frac{f}{e} = \frac{c}{b}$		
c)	$\frac{i}{g} = \frac{e}{d}$		
d)	$\frac{d}{g} = \frac{d+e}{i}$		
e)	$\frac{k}{h} = \frac{a+b+c}{a+b}$		

3 Berechne die fehlende Streckenlänge.

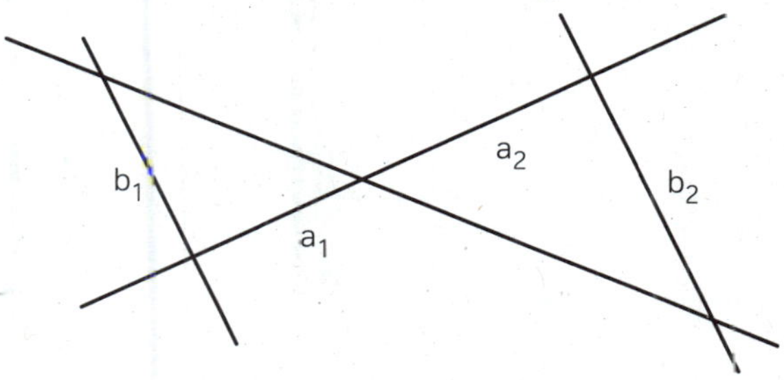

	a_1	a_2	b_1	b_2
a)	3 cm	4 cm		14 cm
b)	2 cm	3 cm	4 cm	
c)		2 cm	2,5 cm	4 cm
d)	3,2 cm		6,4 cm	9,6 cm
e)	1 cm	5 cm		3 cm

4 Berechne die fehlenden Streckenlängen.

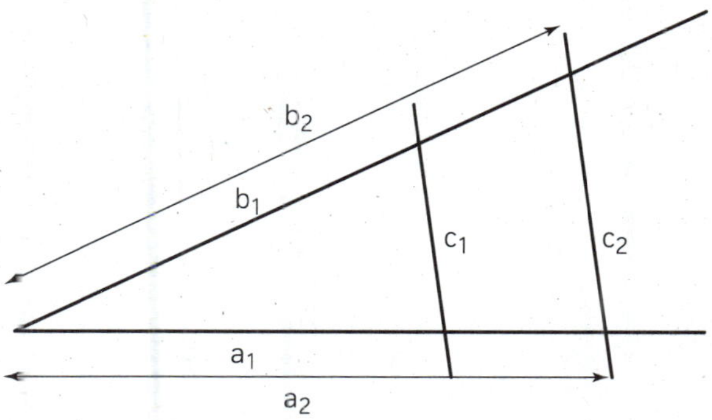

	a_1	a_2	b_1	b_2	c_1	c_2
a)	3 cm	9 cm	5 cm		6 cm	
b)	4 cm	12 cm	9 cm			3 cm
c)	2,4 cm	3,6 cm		3 cm	4,8 cm	
d)	3 cm		5 cm	7 cm		14 cm
e)		6 cm		7,2 cm	3,5 cm	8,4 cm

Lösungen: 1 cm; 2 cm; 2,5 cm; 3 cm; 4,2 cm; 7,2 cm; 10 cm; 15 cm; 18 cm; 27 cm

Anwendungen 1

1 Um die Höhe eines Strommastes mithilfe der Sonne zu ermitteln, wird neben den Strommast ein Stab gesteckt.
Berechne die Höhe des Strommastes mithilfe der dazugehörigen Schatten.

Verhältnisgleichung: ______________________

Der Strommast ist __________ hoch.

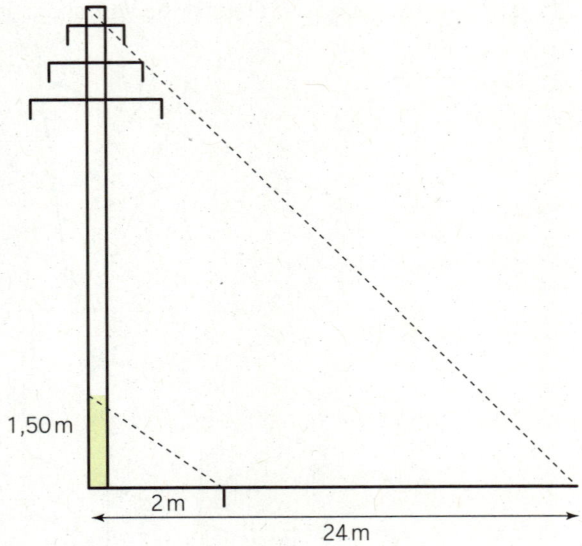

2 Über zwei Stäbe der Längen 1,80 m und 2,50 m wird die Kirchturmspitze angepeilt.
Wie hoch ist der Kirchturm? Beschrifte geeignet.

Verhältnisgleichung: ______________________

Der Kirchturm ist __________________ hoch.

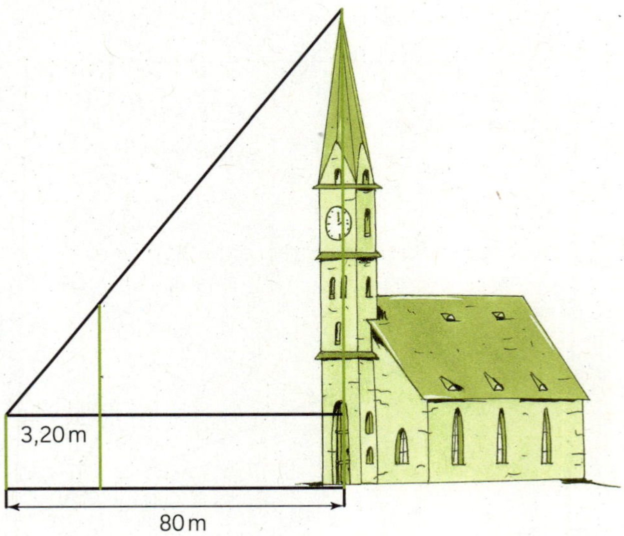

3 Ein Baum wirft um 16.00 Uhr einen Schatten von 7,50 m. Jule ist 1,60 m groß. Sie stellt sich so in den Baumschatten, dass ihr Schatten mit dem des Baumes endet. Sie ist dann 6,30 m vom Baum entfernt.
Wie hoch ist der Baum?

Verhältnisgleichung: ______________________

Der Baum ist __________ hoch.

Anwendungen 2

1 Eine Straßenlaterne steht 5 m von einer 6 m hohen Mauer entfernt.
Die Mauer wirft einen 8 m langen Schatten.
a) Erstelle eine Planfigur.
b) Wie hoch ist die Straßenlaterne?

Verhältnisgleichung: ______________

Die Straßenlaterne ist ________ hoch.

Planfigur:

2 In eine Dachschräge soll ein Tischler ein Regal einbauen.
Wie lang muss jedes Brett sein?

Verhältnisgleichungen: ______________

Länge der Regalbretter: ______________

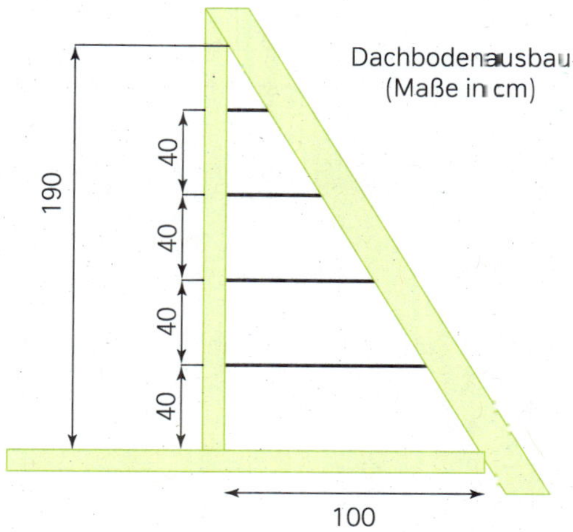

3 Auf der Erde kann man manchmal an bestimmten Orten sehen, wie der Mond die Sonne verdeckt (Sonnenfinsternis).
Wie groß ist der Durchmesser der Sonne?

Verhältnisgleichung: ______________

Der Durchmesser der Sonne beträgt ________ km.

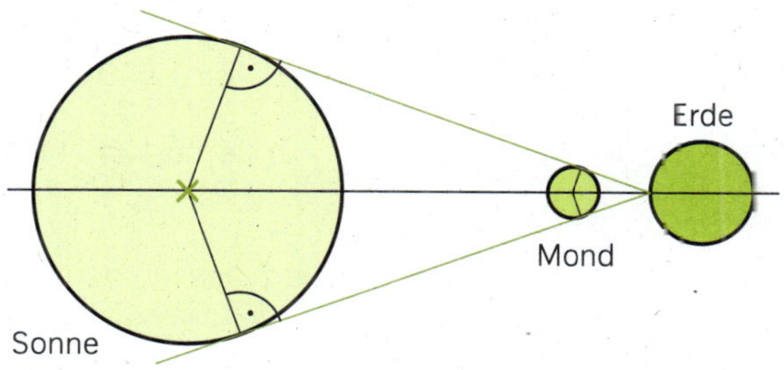

Entfernung	Mond	Sonne
Erde	384 000 km	150 Mio. km

	Durchmesser
Erde	12 750 km
Mond	3500 km
Sonne	

Irrationale Zahlen

1 Welche der Zahlen sind irrational? Schreibe ins Kästchen rational (r) oder irrational (i).
Bei den irrationalen Zahlen ergibt sich ein Lösungswort.

$\sqrt{49}$		T	$\sqrt{11}$		R	0,55		E	$\sqrt{1{,}69}$		A	$\frac{5}{6}$		U
$-\sqrt{0{,}2}$		O	$-\sqrt{0{,}04}$		S	$-1{,}234$		N	$0{,}\overline{35}$		L	$\sqrt{8}$		M

Lösungswort: ______________________

2 Setze das richtige Zeichen ein (<, >, =).

a) 1,3 ☐ $\sqrt{3}$ $\sqrt{6}$ ☐ 2,4 $\sqrt{5}$ ☐ $2{,}\overline{2}$ $\sqrt{6}$ ☐ $\sqrt{5}$ $\sqrt{1{,}6}$ ☐ 1,3

b) −1,2 ☐ $-\sqrt{2}$ $\sqrt{64}$ ☐ 8 $\sqrt{90}$ ☐ 9 0,123 ☐ $\sqrt{0{,}015}$ $\sqrt{7{,}2}$ ☐ $2{,}\overline{6}$

3 a) Welche Zahl ist auf der Zahlengeraden markiert?

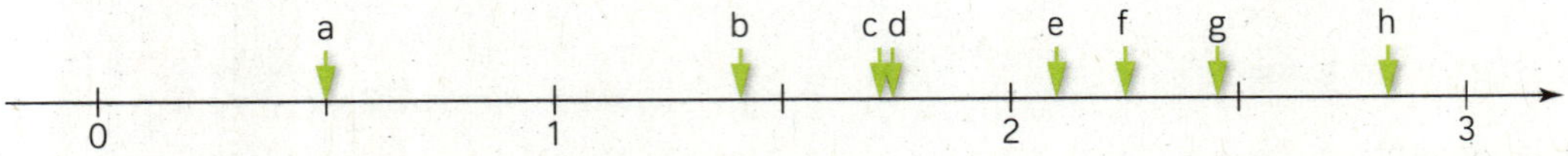

$\sqrt{2}$	$\sqrt{3}$	2,1	$\sqrt{5}$	$\sqrt{6}$	$1{,}\overline{71}$	$\sqrt{8}$	$\sqrt{0{,}25}$

b) Trage die Zahlen auf der Zahlengeraden ein:
$-\sqrt{2}$; $\sqrt{0{,}5}$; $\sqrt{10}$; $\sqrt{20}$; $\sqrt{35}$; $\sqrt{15}$; $-\sqrt{5}$; $\sqrt{18}$; $\sqrt{30}$; $\sqrt{0{,}01}$

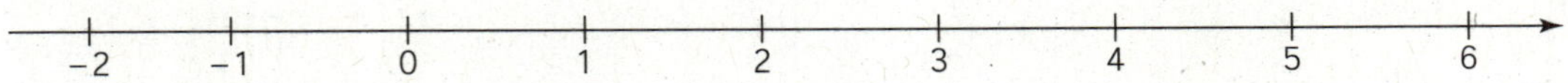

4 Hier wurden irrationale Zahlen konstruiert. Setze das Muster durch fünf weitere Ziffern fort.

a) 0,123 456 789 101 1 ________ ... b) 1,020 030 004 ________ ... c) 0,149 162 5 ________ ...

d) 0,126 241 20 ________ ... e) 0,124 711 16 ________ ... f) 0,112 358 13 ________ ...

5 a) Gib eine rationale Zahl an, die zwischen den beiden irrationalen Zahlen 3,257 049 719 167... und 3,257 049 719 184... liegt. ______________________

b) Gib eine irrationale Zahl an, die zwischen den beiden rationalen Zahlen 6,034 591 146 und 6,034 591 148 liegt. ______________________

6 Begründe, dass die Folge $\sqrt{2}$; $(\sqrt{2})^2$; $(\sqrt{2})^3$; $(\sqrt{2})^4$; $(\sqrt{2})^5$; $(\sqrt{2})^6$; ... aus unendlich vielen rationalen und unendlich vielen irrationalen Zahlen besteht.

____

____

Wurzeln bestimmen

1 Berechne im Kopf

a) $\sqrt{64}$ = ____ $\sqrt{121}$ = ____ $\sqrt{900}$ = ____ $\sqrt{196}$ = ____ $\sqrt{225}$ = ____

b) $\sqrt{0,01}$ = ____ $\sqrt{1,44}$ = ____ $\sqrt{0,81}$ = ____ $\sqrt{1,21}$ = ____ $\sqrt{1,69}$ = ____

c) $\sqrt{\frac{25}{36}}$ = ____ $\sqrt{\frac{4}{49}}$ = ____ $\sqrt{\frac{100}{400}}$ = ____ $\sqrt{\frac{18}{50}}$ = ____ $\sqrt{\frac{12}{48}}$ = ____

2 Zwischen welchen aufeinander folgenden natürlichen Zahlen liegen die Quadratwurzeln?

kleinere natürliche Zahl	Quadratwurzel	größere natürliche Zahl
3	$\sqrt{10}$	4
a)	$\sqrt{20}$	
b)	$\sqrt{30}$	
c)	$\sqrt{85}$	
d)	$\sqrt{105}$	
e)	$\sqrt{3,6}$	
f)	$\sqrt{397}$	

3 Ordne der Größe nach. Beginne mit der kleinsten Zahl.

$\sqrt{12}$ $-\sqrt{24}$ $\sqrt{0,09}$ $\sqrt{23,9}$ $\sqrt{125}$ $\frac{\sqrt{260}}{4}$ $\sqrt{12,5}$

____

4 Exakt bestimmbar oder Näherungswert?

Wurzel	exakte Lösung	Näherungswert
$\sqrt{400}$		
$\sqrt{40000}$		
$\sqrt{40}$		
$\sqrt{0,04}$		
$\sqrt{0,4}$		
$\sqrt{0,0004}$		

5 Berechne mit dem Taschenrechner. Runde das Ergebnis, wenn nötig, auf drei Stellen nach dem Komma

a) $\sqrt{30,4}$ ≈ ____ $\sqrt{111}$ ≈ ____ $\sqrt{500}$ ≈ ____ $\sqrt{1000}$ ≈ ____

b) $\sqrt{0,69}$ ≈ ____ $\sqrt{0,44}$ ≈ ____ $\sqrt{1,11}$ ≈ ____ $\sqrt{4,04}$ ≈ ____

c) $\sqrt{60,06}$ ≈ ____ $\sqrt{50,44}$ ≈ ____ $\sqrt{66,71}$ ≈ ____ $\sqrt{364,74}$ ≈ ____

Rechnen mit Wurzeln ohne Taschenrechner

1 Jeweils zwei Paare sind gleichwertig. Notiere sie.

a) $1{,}8$ $\sqrt{12}\cdot\sqrt{3}$ $0{,}6$ $1{,}5\cdot\sqrt{16}$ $\sqrt{4}\cdot 0{,}9$ ____________________

b) $\sqrt{6{,}25}$ $\sqrt{2{,}5:4}$ $5\cdot\sqrt{2{,}5}$ $\sqrt{25}:\sqrt{4}$ $0{,}5\cdot\sqrt{2{,}5}$ ____________________

c) $\sqrt{8}\cdot 4$ $8:\sqrt{2}$ $\sqrt{6}\cdot\sqrt{12}$ $\sqrt{32}$ $\sqrt{8}\cdot 3$ ____________________

2 Setze +, –, · oder : ein, so dass eine wahre Aussage entsteht.

a) $\sqrt{36}\ \square\ \sqrt{25} = 1$ b) $\sqrt{64}\ \square\ 16 = \frac{1}{2}$ c) $\sqrt{5}\ \square\ 2\sqrt{5} = 10$ d) $\sqrt{\frac{1}{4}}\ \square\ \frac{1}{2} = 1$

e) $\sqrt{\frac{1}{3}}\ \square\ \sqrt{\frac{1}{3}} = \frac{1}{3}$ f) $2\sqrt{2}\ \square\ \sqrt{8} = 8$ g) $5\sqrt{2}\ \square\ 2\sqrt{5} = 10\sqrt{10}$ h) $\sqrt{24}\ \square\ \sqrt{6} = 2$

3 Fülle aus.

a) Multiplikationstabelle

·	$\sqrt{2}$	$\sqrt{3}$	$\sqrt{5}$	$\sqrt{12}$
$\sqrt{2}$				
$\sqrt{3}$				
$\sqrt{8}$				
4				

b) Additionstabelle

+	$\sqrt{2}$	2	3	$\sqrt{3}$
$\sqrt{2}$				
$\sqrt{3}$				
$\sqrt{8}$				
4				

4 Welche Umformungen sind richtig? (w oder f)

a) $\frac{\sqrt{125}}{\sqrt{5}} = 5$ ☐ $\frac{\sqrt{125}}{\sqrt{5}} = \sqrt{\frac{125}{5}}$ ☐ $\frac{\sqrt{125}}{\sqrt{5}} = \frac{5\sqrt{5}}{\sqrt{5}}$ ☐

b) $\sqrt{5}\cdot\sqrt{15}\cdot\sqrt{3} = 15$ ☐ $\sqrt{5}\cdot\sqrt{15}\cdot\sqrt{3} = \sqrt{15^2}$ ☐ $\sqrt{5}\cdot\sqrt{15}\cdot\sqrt{3} = \sqrt{15}$ ☐

5 Ziehe teilweise die Wurzel.

$\sqrt{405} = \sqrt{81\cdot 5} = 9\sqrt{5}$

a) $\sqrt{432} =$ ____________________

b) $\sqrt{450} =$ ____________________

c) $\sqrt{1350} =$ ____________________

d) $\sqrt{360} =$ ____________________

e) $\sqrt{588} =$ ____________________

f) $\sqrt{1575} =$ ____________________

g) $\sqrt{972} =$ ____________________

h) $\sqrt{396} =$ ____________________

i) $\sqrt{700} =$ ____________________

k) $\sqrt{512} =$ ____________________

l) $\sqrt{540} =$ ____________________

6 Wahr (w) oder falsch (f). Kreuze an.

		w	f
a)	$\sqrt{90} = 30$		
d)	$\sqrt{100+64} = 10+8$		
g)	$\sqrt{(-3)^2} = -3$		

		w	f
b)	$\sqrt{64}\cdot\sqrt{4} = 16$		
e)	$\sqrt{0{,}36} = 0{,}6$		
h)	$\sqrt{27} - \sqrt{3} = \sqrt{12}$		

		w	f
c)	$\sqrt{28} - \sqrt{8} = \sqrt{20}$		
f)	$\sqrt{x^2+y^2} = x+y$		
i)	$(3-\sqrt{5}^2) = 14+6\sqrt{5}$		

Rechnen mit Wurzeln

1 Fülle die Lücken der Rechenkette aus.

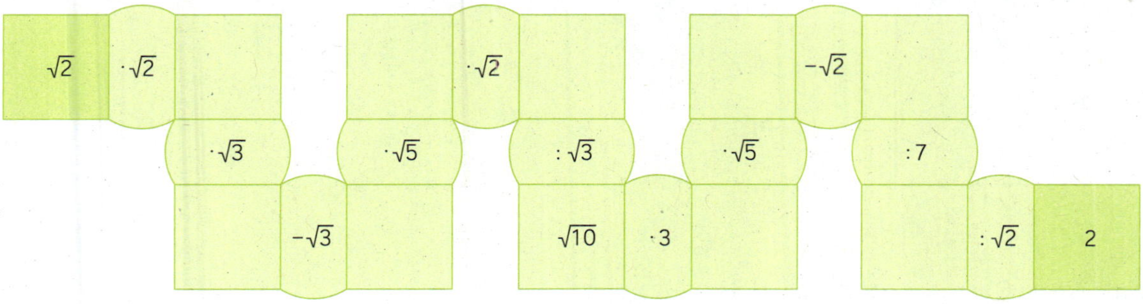

2 Vereinfache die Terme.

a) $6-\sqrt{36}=$ ______ b) $\sqrt{8}=$ ______ c) $2\sqrt{3}+3\sqrt{3}=$ ______

d) $\sqrt{9}+\sqrt{16}=$ ______ e) $\sqrt{45}-\sqrt{27}=$ ______ f) $\sqrt{72}=$ ______

g) $3\sqrt{8}-5\sqrt{2}=$ ______ h) $\sqrt{1{,}69}-\sqrt{1{,}44}=$ ______ i) $\sqrt{150}=$ ______

k) $\sqrt{8}\cdot\sqrt{12}=$ ______ l) $7\sqrt{13}-6\sqrt{13}=$ ______ m) $6\sqrt{\frac{25}{36}}=$ ______

Lösungen: 0; 0,1; $\sqrt{2}$; $2\sqrt{2}$; $\sqrt{13}$; 5; 7; $6\sqrt{2}$; $5\sqrt{3}$; $4\sqrt{6}$; $3(\sqrt{3}+\sqrt{5})$; $5\sqrt{6}$

3 a) Multiplikationsmauer b) Additionsmauer

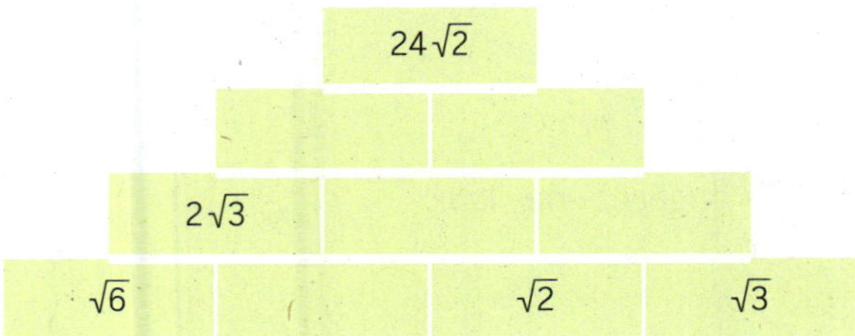

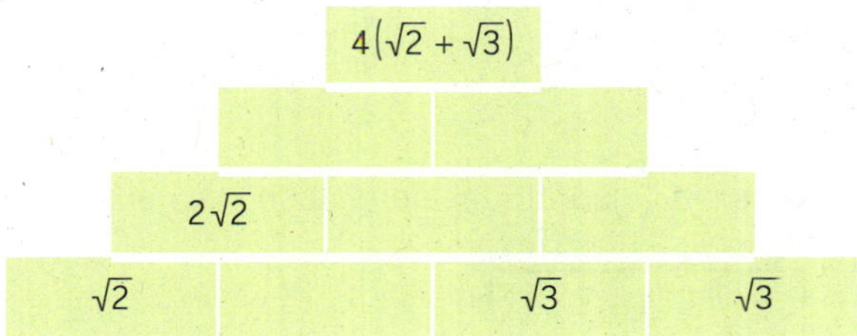

4 Vereinfache. Es gilt jeweils $x > 0$.

a) $\sqrt{3x}\cdot\sqrt{27x}=$ ______ b) $\sqrt{\frac{9}{x^2}}=$ ______ c) $2\sqrt{x}+3\sqrt{x}=$ ______

d) $\sqrt{144x^2}=$ ______ e) $x\sqrt{x}\cdot x\sqrt{4}=$ ______ f) $\sqrt{x^2}+\sqrt{x^2}=$ ______

5 Löse die Gleichungen. Runde die Ergebnisse auf drei Stellen hinter dem Komma.

a) $x^2+5=32$ b) $2x^2-3=45$ c) $x^2+2{,}5=40$ d) $3x^2-6=54$

$x_1=$ ______ $x_1=$ ______ $x_1=$ ______ $x_1=$ ______

$\approx$ ______ $\approx$ ______ $\approx$ ______ $\approx$ ______

$x_2=$ ______ $x_2=$ ______ $x_2=$ ______ $x_2=$ ______

$\approx$ ______ $\approx$ ______ $\approx$ ______ $\approx$ ______

Anwenden

1 Berechne die fehlenden Größen im Quadrat.

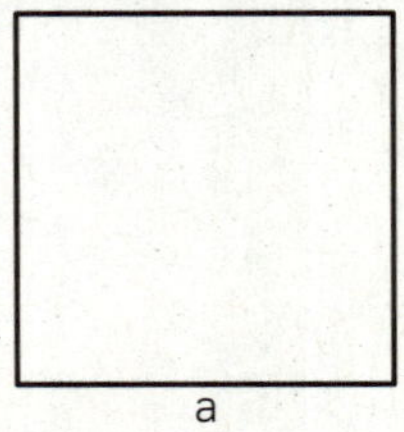

	a	U	A
a)			$20\,cm^2$
b)			$500\,cm^2$
c)		$8\sqrt{2}\,cm$	

2 Gegeben ist die Oberfläche O des Würfels.
Wie groß ist seine Kantenlänge a?

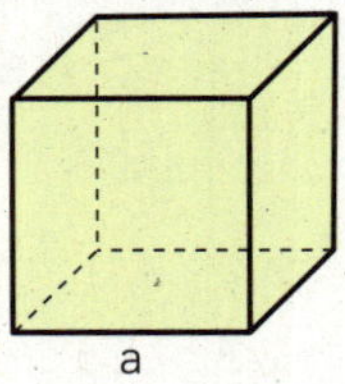

a) $O = 150\,cm^2$ a = ______

b) $O = 384\,cm^2$ a = ______

c) $O = 420\,cm^2$ a = ______

3

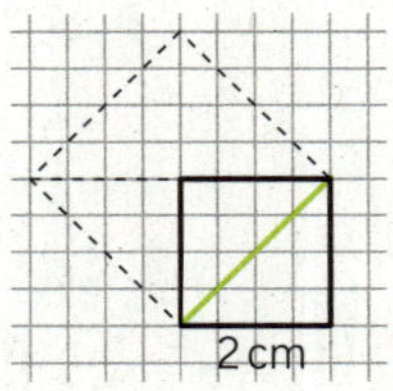

Bestimme die Länge der grünen Strecke.
(Tipp: Betrachte den Flächeninhalt des großen Quadrates.)

______

______

4 Zeichne ein Quadrat, das denselben Flächeninhalt hat wie die angegebene Figur.

a)

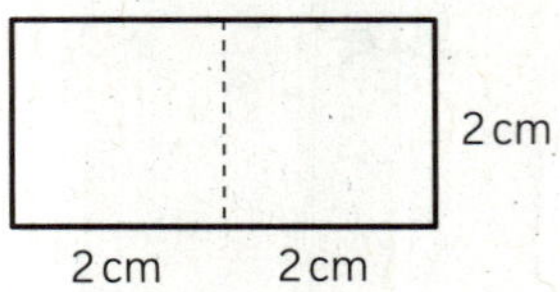

b)

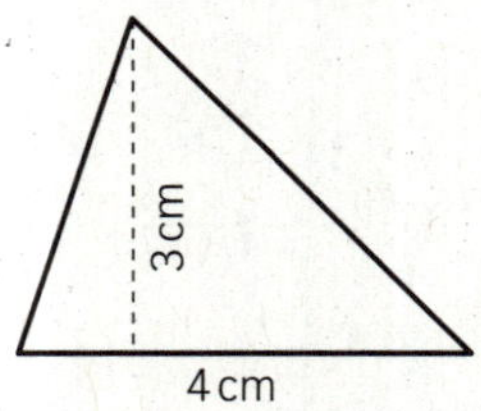

5 In einem Rechteck mit einem Flächeninhalt von $16\,cm^2$ ist die eine Seite doppelt so lang wie die andere. Wie lang sind die beiden Seiten?

______

Zeichne das Rechteck.

Argumentieren und Beweisen

1 Wenn-dann-Aussagen aufstellen

Formuliere die Sätze in der wenn-dann-Form.

a) Alle durch 9 teilbaren Zahlen sind auch durch 3 teilbar.

b) Gleichseitige Dreiecke sind auch gleichschenklig.

c) Jede Raute ist ein Parallelogramm.

2 Umkehrung von Wenn-dann-Aussagen

Gib die Umkehrung der Formulierungen an. Entscheide, ob die Umkehrung wahr oder falsch ist und gib für die Umkehrungen, die falsch sind, ein Gegenbeispiel an.

a) Wenn Weihnachten ist, dann bekommst du ein Geschenk.

Umkehrung:

Wahr falsch

b) Wenn Peter Tischtennis spielt, hat er einen Schläger in der Hand.

Umkehrung:

Wahr falsch

c) Wenn heute der erste Februar ist, dann ist morgen der zweite Februar.

Umkehrung:

Wahr falsch

d) Wenn ein Viereck ein Quadrat ist, dann hat es vier rechte Winkel.

Umkehrung:

Wahr falsch

3 Beweise

a) Die Summe zweier gerader Zahlen ist gerade.

b) Das Produkt von einer Zahl mit ihrem Doppelten ist eine gerade Zahl.

c) Außenwinkelsatz: Die Summe der Außenwinkel am Dreieck beträgt 360°.

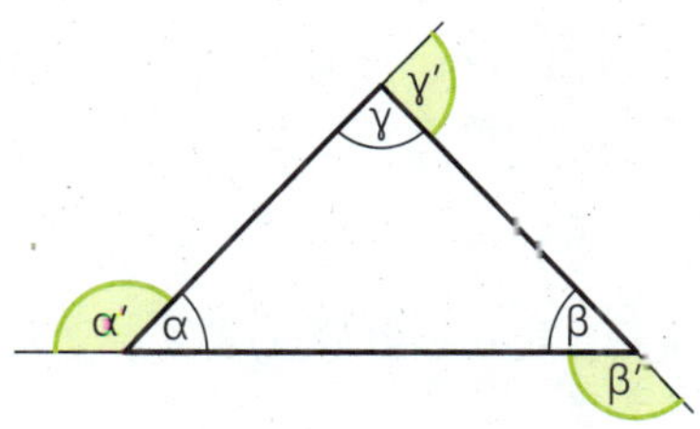

Rechtwinkliges Dreieck

1 Berechne die Länge der grünen Strecke.

a)
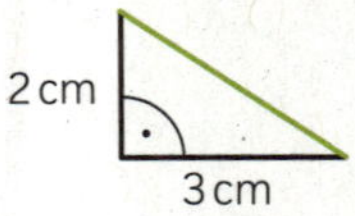

b)
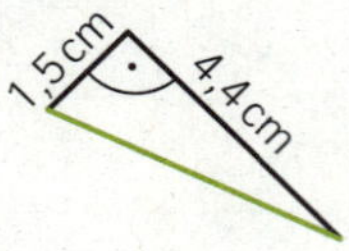

c)
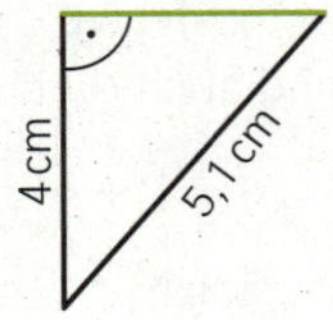

d)
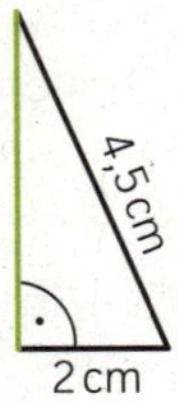

2 Gib für jede Größe eine Formel zur Berechnung an.

a)
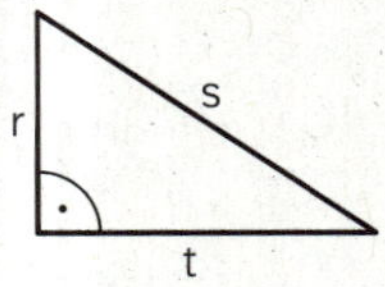

b)
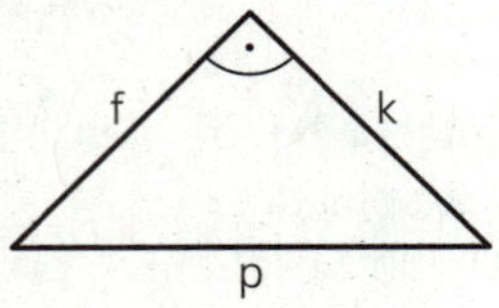

c)
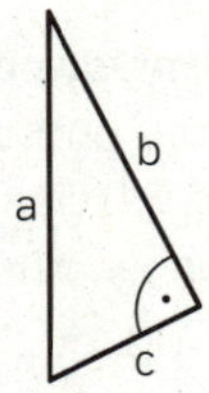

r = ______ f = ______ a = ______

s = ______ p = ______ b = ______

t = ______ k = ______ c = ______

3 Berechne für die rechtwinkligen Dreiecke jeweils die fehlenden Größen.

Kathete u	**3 cm**	**5,5 cm**		**1 cm**	
Kathete v		8,2 cm	8 cm		12 cm
Hypotenuse w	7 cm				19,2 cm
Flächeninhalt A			50 cm²	1 cm²	

4 a) Zeichne die Punkte A(−2|1) und C(2|3) in das Koordinatensystem. Ergänze den Punkt B(2|y) so, dass das Dreieck ABC rechtwinklig ist mit dem rechten Winkel an B. Wie lang sind die Dreiecksseiten?

$\overline{AB}$ = ______ $\overline{BC}$ = ______ $\overline{AC}$ = ______

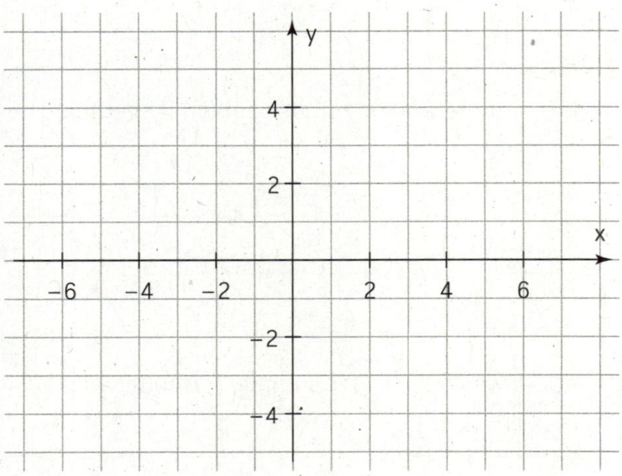

b) Konstruiere das rechtwinklige Dreieck RST mit R(−5|−1), S(1|−4) und rechtem Winkel an T(1|y). Berechne den Umfang des Dreiecks.

______

c) Bestimme den Abstand zwischen den Punkten

K(0|−3) und L(6|−1). ______

P(1|−6) und Q(3|2). ______

Höhensatz

1 Konstruiere mit dem Höhensatz aus einem Rechteck mit $a = 6\,cm$ und $b = 3\,cm$ ein flächeninhaltsgleiches Quadrat.
Miss die Seitenlänge und überprüfe dein Ergebnis rechnerisch.
Messung:

Rechnung:

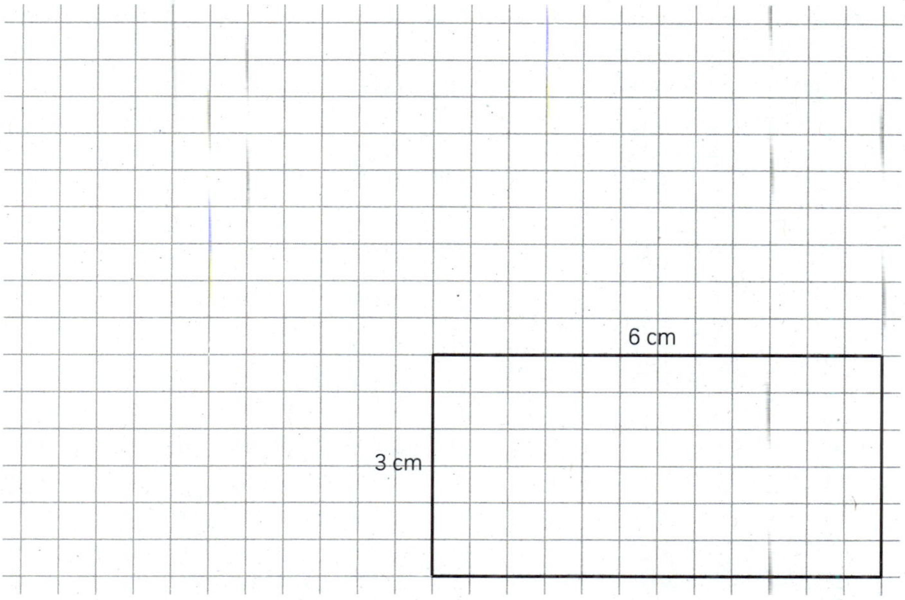

2 a) Konstruiere mit dem Höhensatz ein Quadrat mit dem Flächeninhalt $A = 15\,cm^2$.
b) Verwandle das in a) konstruierte Quadrat in ein flächeninhaltsgleiches Rechteck mit einer 7 cm langen Seite. Wie lang ist die andere Seite? Miss und rechne.

3 Ein rechtwinkliges Dreieck hat die Hypotenusenabschnitte $p = 4{,}5\,cm$ und $q = 6\,cm$.
Berechne seinen Flächeninhalt und Umfang.

4 Konstruiere mithilfe des Höhensatzes eine Strecke der Länge $\sqrt{5}$.

Kathetensatz

1 Zeichne ein rechtwinkliges Dreieck ($\alpha = 90°$) mit 4 cm und 2,5 cm langen Hypotenusenabschnitten.

a) Bestimme die Seitenlängen durch Messen.

a = ____________ b = ____________

c = ____________

b) Überprüfe deine Ergebnisse durch Rechnung.

a = ____________ b = ____________

c = ____________

2 a) Ein rechtwinkliges Dreieck hat eine 8 cm lange Hypotenuse, der Hypotenusenabschnitt p ist 5 cm lang. Wie lang ist die zugehörige Kathete?

____

b) In einem rechtwinkligen Dreieck ist eine Kathete 7,5 cm lang, der zugehörige Hypotenusenabschnitt 4,5 cm. Wie lang ist die Hypotenuse?

____

c) In einem rechtwinkligen Dreieck sind die Katheten 3,4 cm und 5,2 cm lang. Berechne die Länge der Hypotenusenabschnitte.

____

3 Verwandle mithilfe des Kathetensatzes die Rechtecke in flächeninhaltsgleiche Quadrate.

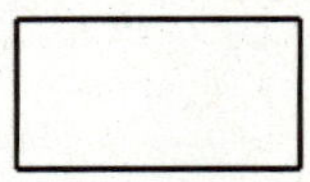

4 Verwandle mithilfe des Kathetensatzes ein Quadrat mit der Kantenlänge 3 cm in ein flächeninhaltsgleiches Rechteck mit einer 7 cm langen Seite.

Berechnungen an Dreiecken

1 Berechne die fehlenden Größen.

	a)	b)	c)	d)	e)	f)
a			6 cm			
b		9 cm			10 cm	
c		12 cm				8,2 cm
p			4 cm	3,5 cm		
q	15 cm				7,5 cm	3,1 cm
h	12 cm			7 cm		

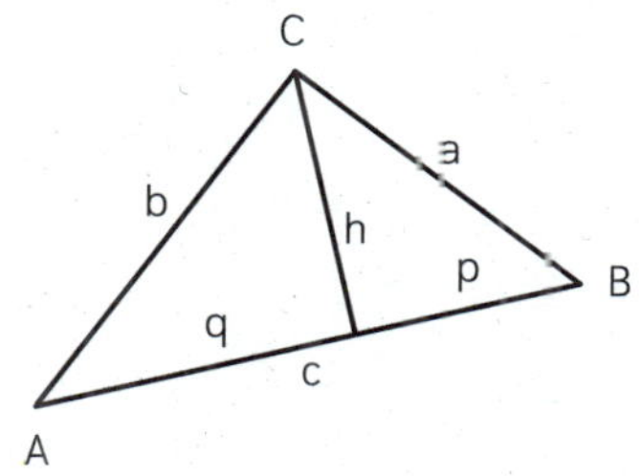

2 a) Ein gleichseitiges Dreieck hat die Seitenlänge $a = 5\,cm$. Berechne seinen Flächeninhalt.

b) Ein gleichseitiges Dreieck hat eine Höhe von 5 cm. Berechne Seitenlänge und Flächeninhalt.

c) Ein gleichseitiges Dreieck hat einen Flächeninhalt von $5\,cm^2$. Berechne Seitenlänge und Höhe.

3 Berechne die fehlenden Größen in einem gleichschenkligen Dreieck ABC mit der Basis $\overline{AB}$.

a) $\overline{AB} = 18\,cm$, $\overline{BC} = 15\,cm$

U = ______ A = ______

b) $h_{AB} = 20\,cm$, $\overline{AC} = 25\,cm$

$\overline{AB}$ = ______ A = ______

c) $\overline{AB} = 9{,}4\,cm$, $h_{AB} = 2{,}5\,cm$

A = ______ U = ______

4 Konstruiere ein Dreieck mit $a = 6{,}7\,cm$, $b = 3\,cm$ und $c = 6\,cm$.

Ist das Dreieck rechtwinklig? ______

Überprüfe durch Rechnung. ______

Konstruktionen

1 Konstruiere mithilfe des Satzes von Pythagoras Quadrate mit den angegebenen Flächeninhalten.

$A = 5\,cm^2 \quad 5 = 1^2 + 2^2$

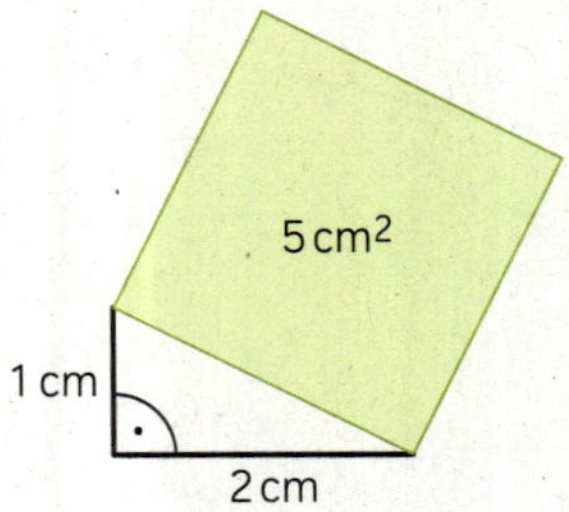

a) $A = 20\,cm^2$ ______________________

b) $A = 41\,cm^2$ ______________________

c) $A = 50\,cm^2$ ______________________

2 Zeichne eine Raute, deren Diagonalen 6 cm und 3,5 cm lang sind. Bestimme die Seitenlänge

a) durch Messen: ______________________

b) durch Rechnung: ______________________

____

Abstände im Raum

1 a) Zeichne in das dreidimensionale Koordinatensystem die Punkte A(1|4|3), B(−2|1|−3), C(3|0|4) und D(2|−1|1).

b) Bestimme die Abstände dieser Punkte vom Koordinatenursprung.

A: ______________________________

B: ______________________________

C: ______________________________

D: ______________________________

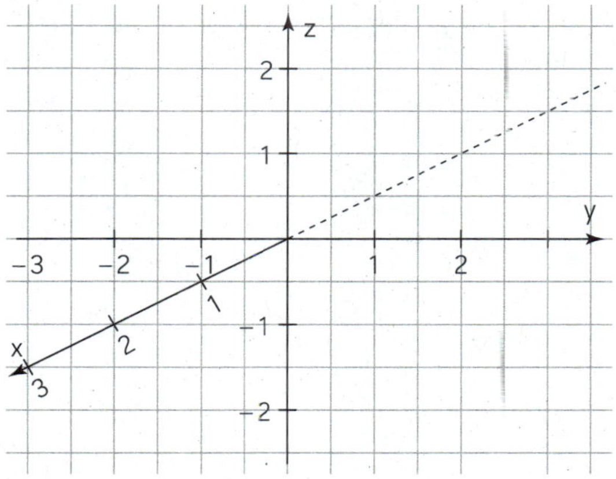

2 a) Lies die fehlenden Koordinaten der Punkte im dreidimensionalen Koordinatensystem ab.

A(1|_____|_____), B(1|_____|_____),
C(0|_____|_____), D(2|_____|_____).

b) Bestimme die Abstände der Punkte voneinander.

____

____

____

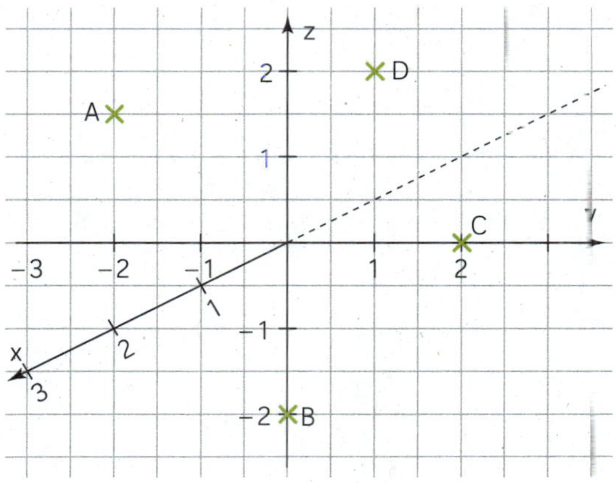

3 Im Raum ist ein Dreieck ABC durch die Punkte A(2|4|6), B(−1|5|−8) und C(3|−4|1) gegeben. Bestimme die Seitenlängen dieses Dreiecks.

$\overline{AB}$ = ______________________________

$\overline{BC}$ = ______________________________

$\overline{AC}$ = ______________________________

4 Untersuche, ob das Dreieck ABC gleichschenklig ist.

a) A(4|0|1), B(5|−3|−1), C(7|0|−1) ______________________________

____

b) A(−2|2|0), B(5|−3|1), C(−1|−6|3) ______________________________

____

c) A(3|3|3), B(2|1|−1), C(5|4|7) ______________________________

____

5 Ordne die Punkte nach ihrer Entfernung zum Koordinatenursprung.
A(1|0|2), B(−2|1|2), C(1|1|1) und D(0,5|1|1,5)

____

Pythagoras bei Körpern

1 Berechne die Länge der Seitendiagonalen und der Raumdiagonalen bei einem Würfel mit der Kantenlänge 4 cm.

2 Berechne die Länge der Seitendiagonalen und der Raumdiagonalen des Quaders.

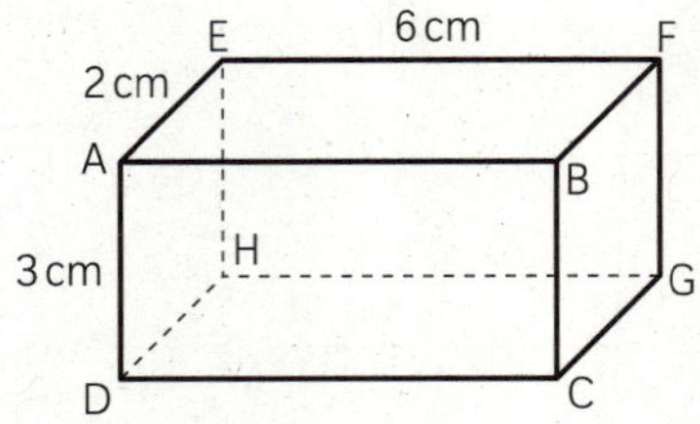

3 Bestimme die fehlenden Größen bei der quadratischen Pyramide.

	a)	b)	c)	d)	e)
x	5 cm				4 cm
d			8 cm		
h	9 cm	6 cm		7 cm	
s		8 cm	5 cm		
h_s				10 cm	5,5 cm

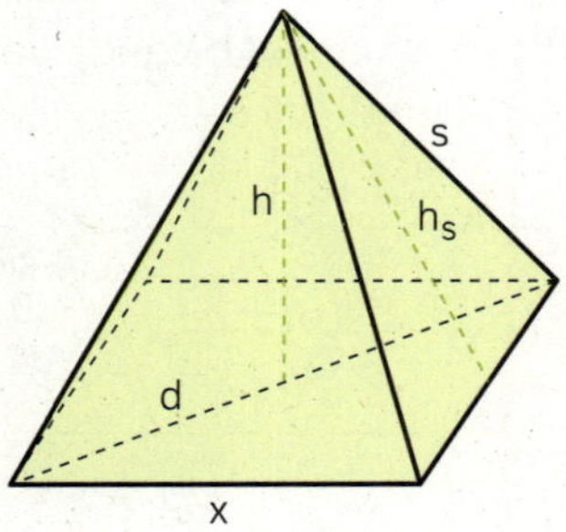

4 Ein Tetraeder hat eine Kantenlänge von $a = 6$ cm.
Berechne die Größe seiner Oberfläche.

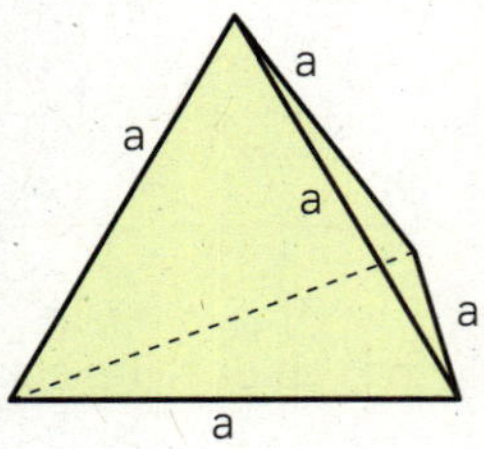

5 a) Familie Winter kauft sich einen kleinen Eckschrank.
Als Türbreite gibt der Händler 30 cm an. Überprüfe diese Angabe.

b) Herr Winter möchte einen Zwischenboden in den Schrank legen.
Wie groß wird dieser?

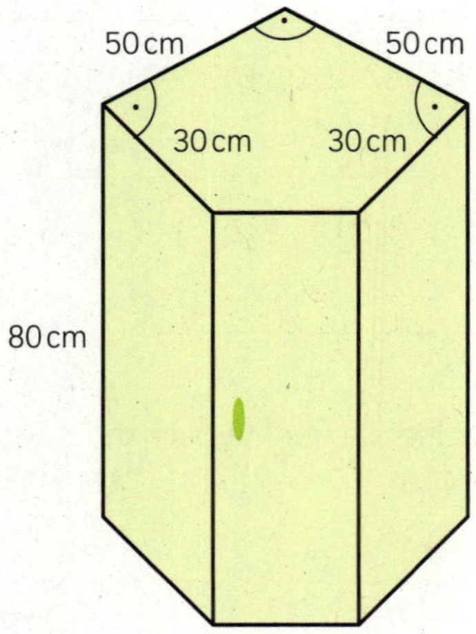

Anwendungen 1

1 Lisa und Janne haben sich zu einem Einkaufsbummel verabredet.
Wie weit sind sie momentan (Luftlinie) voneinander entfernt?

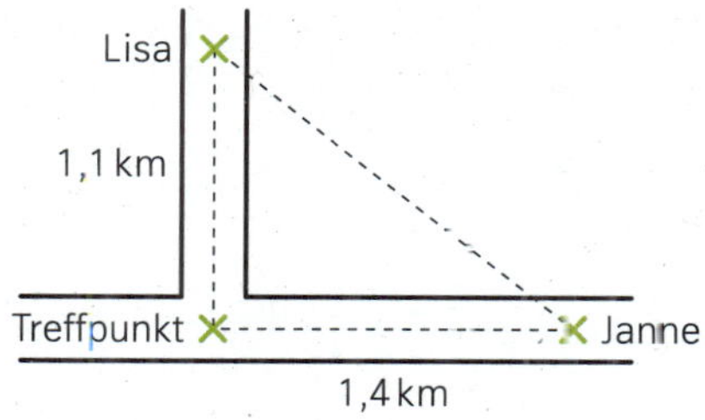

2 Ein Deich hat den nebenstehenden Querschnitt.
Berechne seine Höhe h und die Länge l der Böschung.

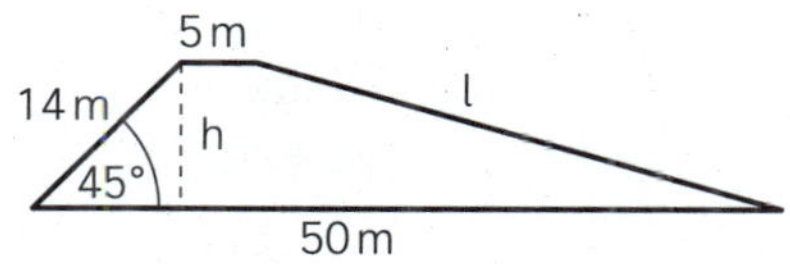

3 Die dreieckige Giebelwand eines Tordaches soll verkleidet werden.
a) Wie groß ist die zu bearbeitende Fläche?

b) Die seitlichen Dachbalken sollen verstärkt werden und 30 cm überstehen.
Wie lang müssen die Dachbalken mindestens sein?

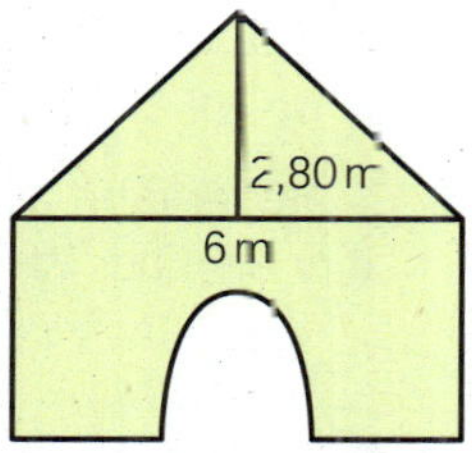

4 Tobias und Lars haben für eine Gartenparty zwischen zwei Bäumen in 3 m Höhe ein 4,60 m langes Seil gespannt und in seiner Mitte eine Partysonne (Durchmesser 80 cm) aufgehängt. Die Bäume stehen 4,50 m auseinander. Wie groß darf ein Gast höchstens sein, damit er ohne sich zu bücken unter der Partysonne durchgehen kann?
Fertige zunächst eine Planfigur an.
(Tipp: Beachte, dass die Partysonne „durchhängt")

5 Familie Suhrer hat sich ein Grundstück gekauft.
Wieviel mussten sie bezahlen, wenn der Quadratmeterpreis bei 165 € liegt?

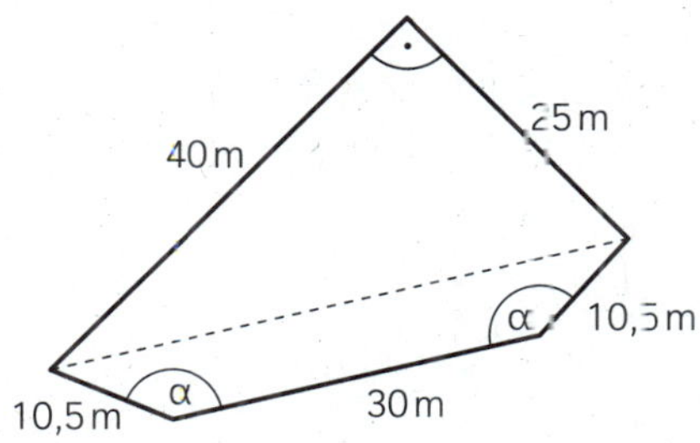

Anwendungen 2

1 Einem Quadrat ist ein Rechteck mit den Kantenlängen 4 cm und 8 cm einbeschrieben. Wie groß ist der Flächeninhalt des Quadrats?

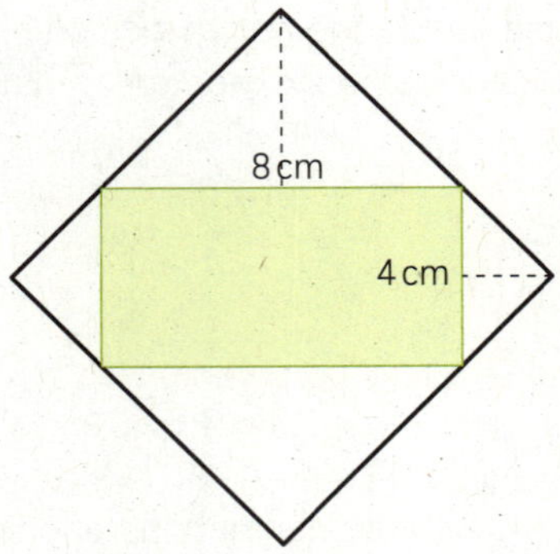

2 An der Ecke eines quadratischen Marktplatzes von 140 m Länge steht ein 50 m hoher Turm. Für eine Aufführung beim Stadtfest benötigt eine Artistengruppe ein 200 m langes Seil, das von der Turmspitze zur Erde gespannt werden muss.
Ist der Marktplatz groß genug?

3 a) Herr Huber fährt auf einer geradlinigen Straße mit einer Steigung von 7 % aus Bullingen los. Nach 5 km hält er an einer Parkbucht an. Welchen Höhenunterschied hat er bis hierhin überwunden?

b) Nach einer kurzen Pause fährt er weiter bis zu einer Aussichtsstelle, die 420 m höher als Bullingen liegt. Wie viele Kilometer ist er seit seinem ersten Halt gefahren?

4 a) Ein Kreis mit einem Radius von 4 cm hat eine 5,5 cm lange Sehne.
Wie groß ist der Abstand der Sehne vom Mittelpunkt?

b) Konstruiere von E aus die Tangenten an den Kreis und nenne die Berührpunkte B und C. (Tipp: Satz des Thales).
Wie lang sind $\overline{BE}$ und $\overline{CE}$? Überprüfe rechnerisch.

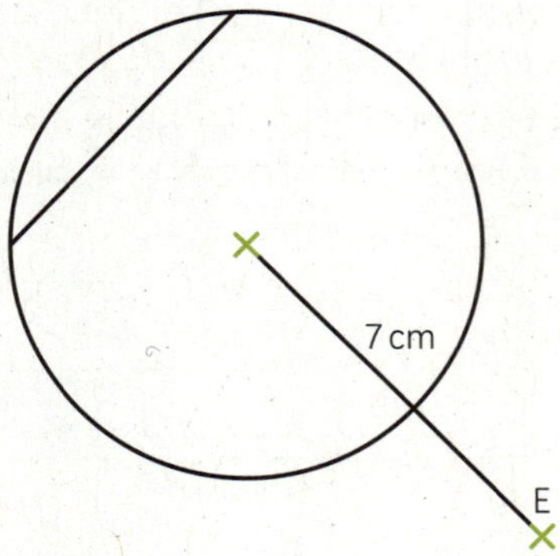

5 Bei einem anderen Kreis werden von einem Punkt P aus Tangenten an den Kreis gezeichnet.
Die Entfernung von P zu den Berührpunkten beträgt 15 cm, die Sehne zwischen den Berührpunkten ist 8 cm lang. Welchen Radius hat der Kreis?

Anwendungen 3

1 Bei einem Wohnungsbrand will die Feuerwehr Personen aus einem 8 m hoch gelegenen Fenster retten. Der Feuerwehrwagen steht 2,50 m vor dem Haus, die Befestigung der Leiter befindet sich auf dem Wagen in 1 m Höhe über dem Erdboden.

Wie weit muss die Leiter mindestens ausgefahren werden? ______________________

2 Drei Würfel sind aufeinander gestapelt.
Der größte hat die Kantenlänge a, bei den weiteren halbiert sich jeweils die Kantenlänge.

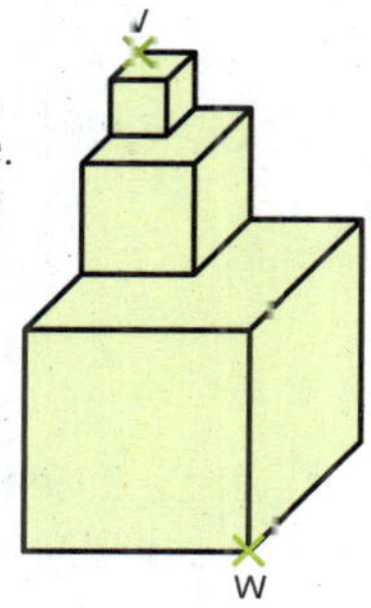

a) Ein Marienkäfer krabbelt von V nach W. Wie lang ist der kürzeste Weg?

____

b) Wie weit sind die Punkte per Luftlinie voneinander entfernt?

____

3 Am Eingang eines Zirkuszeltes sind Lichterketten angebracht. Wie viel Meter wurden benötigt?

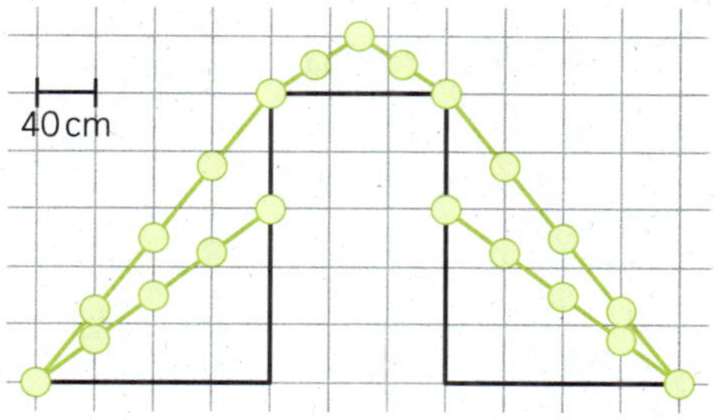

____

____

____

4 Eine Gaststätte hat an ihrem Eingang ihr Namensschild mit nebenstehender Konstruktion befestigt. Berechne die Längen v, x, y und z.

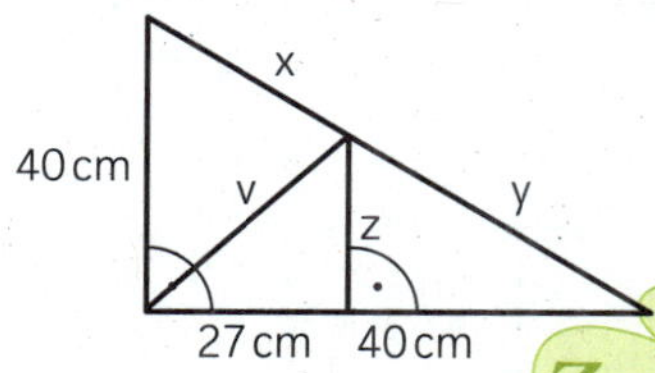

ZaReDiSch-Eck

____

____

____

____

5 Berechne den Flächeninhalt und Umfang der grünen Flächen.

a)

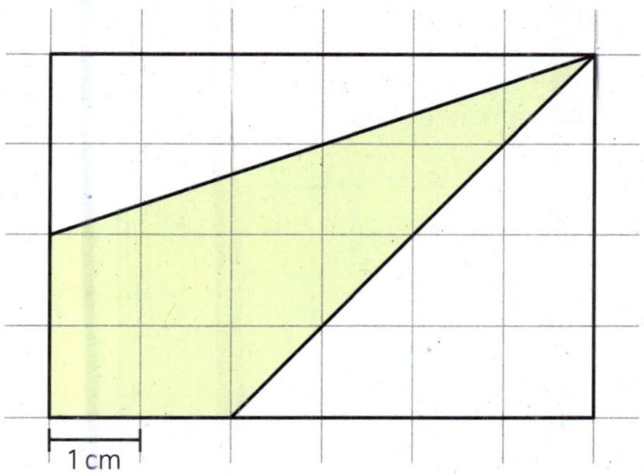

A = ______________________

____

U = ______________________

b)

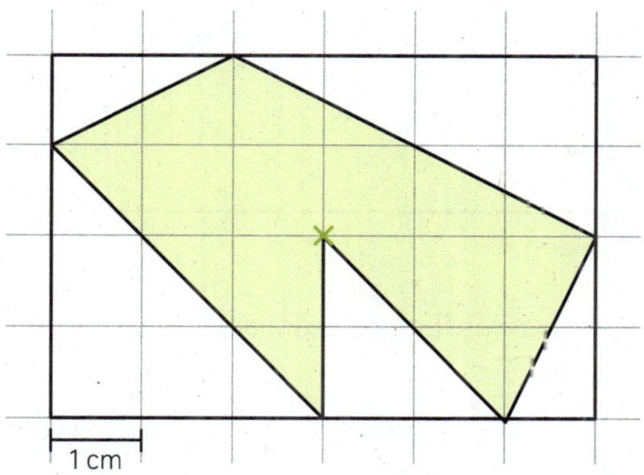

A = ______________________

U = ______________________

____

Aufgaben mit dem CAS

1 Eine 4 m lange Leiter steht an einer Wand.

a) Wie hoch reicht die Leiter, wenn sie in einem Abstand von 1 m zur Wand steht.

b) Welchen Abstand zur Wand muss die Leiter haben, wenn sie 3 m hoch reichen soll.

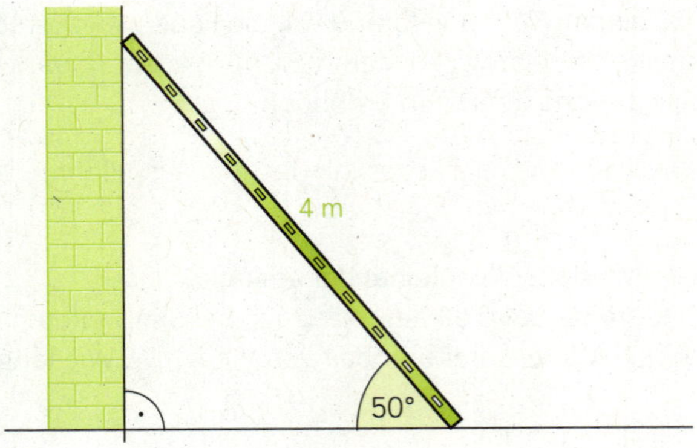

2 Emil steht mit den Füßen in der Mitte auf der 4 m langen Leiter. Die Leiter rutscht auf dem glatten Fußboden weg.

a) Zeige, dass sich Emils Standpunkt S auf der Leiter beim Rutschen auf der Kurve $y_S = \sqrt{4 - x_S^2}$ bewegt. Nutze ein CAS. Dokumentiere den Ansatz und den gewählten Befehl.

Ansatz:

gewählter Befehl:

b) Skizziere die Kurve in der Zeichnung.

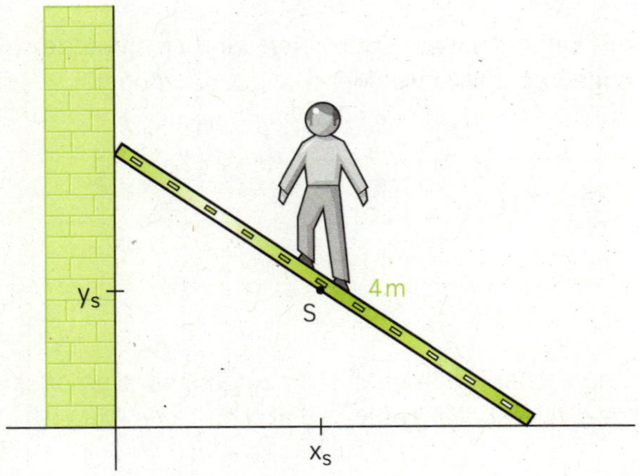

3 Vorgegeben ist das Dreieck ABC.

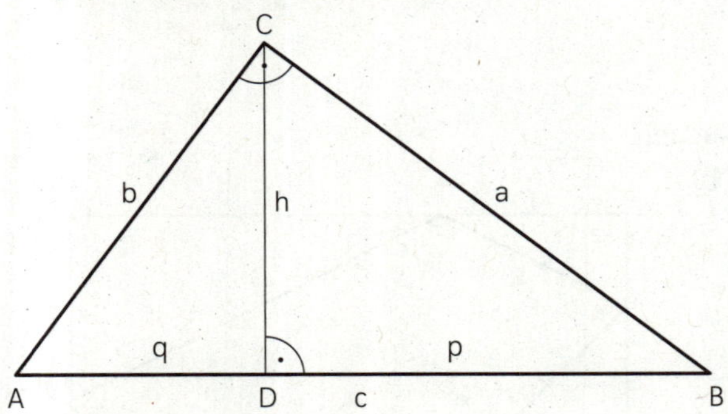

a) Formuliere für das Dreieck:
Satz des Pythagoras:

Höhensatz:

Kathetensätze:

Zusammenhang zwischen c, p, q

Pythagoras für die Teildreiecke:

b) Löse die Aufgaben mithilfe der solve-Funktion des Taschenrechners.
Notiere jeweils den Befehl und das oder die Ergebnisse:

a = 5 cm; h = 3,5 cm gesucht: b Befehl: b ≈

b = 4 cm; h = 2 cm gesucht: c Befehl: c ≈

Vierfeldertafel und Baumdiagramm 1

1 In Altheim gibt es 50000 Wahlberechtigte. 70% der Wahlberechtigten sind über 40. Von den älteren Wählern haben 55% Partei A gewählt. Von den Jüngeren haben 65% Partei B gewählt.

a) Fülle die Vierfeldertafel aus.

b) Welche Partei hat die Wahl gewonnen?

____

	Partei A	Partei B	Summe
Wähler bis 40			
Wähler über 40			
Summe			

2 Nach der Herstellung von 10000 Computermonitoren wurde eine Qualitätskontrolle durchgeführt. 5% der Monitore enthalten einen defekten Chip mit verkürzter Lebensdauer. In der Qualitätskontrolle werden 90% der defekten Geräte aussortiert, leider auch 2% der intakten Geräte.

Welcher Anteil der ausgelieferten Geräte ist defekt?

____

____

	aussortiert	ausgeliefert	Summe
defekt			
nicht defekt			
Summe			

3 Ein Briefmarkensammler ist im Besitz von 100 sehr wertvollen Briefmarken. Leider sind 10 der Briefmarken Fälschungen. Ein Sachverständiger liegt in 9 von 10 Fällen mit seinem Gutachten richtig.

a) Welcher Anteil der aussortierten Briefmarken ist tatsächlich eine Fälschung?

____

____

	als Fälschung eingeschätzt	als Original eingeschätzt	Summe
Fälschung			
keine Fälschung			
Summe			

b) Analysiere das Problem in zwei Baumdiagrammen.

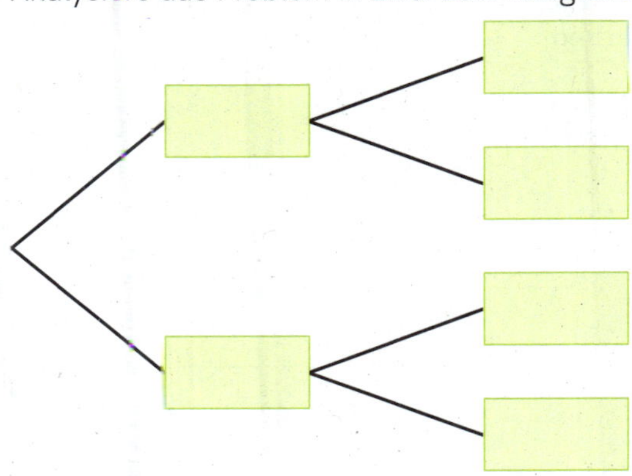

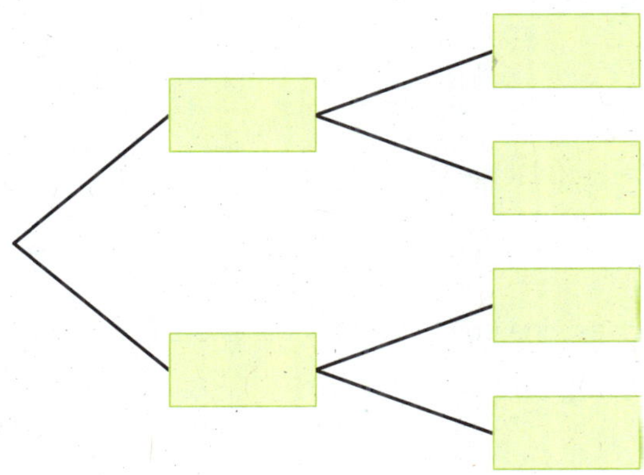

Vierfeldertafel und Baumdiagramm 2

1 Ein bestimmter genetischer Defekt taucht bei 2 % aller Menschen auf. Bei einem Schnelltest werden 97 % der Kranken positiv getestet. 95 % der Gesunden werden negativ getestet. (positiv getestet heißt, dass der Test krank anzeigt).

a) Fülle das Baumdiagramm aus und beschrifte die Pfade mit den relativen Häufigkeiten bzw. Wahrscheinlichkeiten.
k: krank, g: gesund, p: positiv getestet, n: negativ getestet

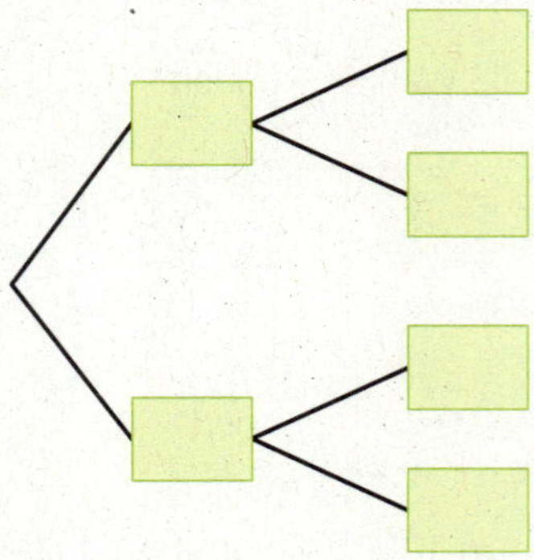

b) Gehe von einer Gruppe von 100 000 Menschen aus.
Fülle die Vierfeldertafel rechts aus.

	positiv	negativ	Summe
krank			
gesund			
Summe			

c) Berechne die Wahrscheinlichkeiten. Eine beliebig ausgewählte ...

... gesunde Person wird positiv getestet. __________

... kranke Person wird aber negativ getestet. __________

... Person ist gesund und wird negativ getestet. __________

... Person ist krank und wird positiv getestet. __________

d) Wie groß ist die Wahrscheinlichkeit,...

... dass eine positiv getestete Person trotzdem gesund ist? __________

... dass eine negativ getestete Person trotzdem krank ist? __________

e) Um sicher zu gehen, werden alle positiv getesteten noch einmal getestet. Fülle die Vierfeldertafel aus.

	positiv positiv	positiv negativ	Summe
krank			1940
gesund			
Summe			

Wie groß ist die Wahrscheinlichkeit, ...

... dass eine positiv positiv getestete Person gesund ist? __________

... dass eine positiv negativ getestete Person krank ist? __________

Vierfeldertafel und Baumdiagramm 3

1 Der Mathematiklehrer Riemann stellt Albert eine sehr schwierige geometrische Aufgabe. Er gibt Albert die drei Ergebnisse A, B, C zur Auswahl, von denen genau eines richtig ist. Leider hat Albert keine Ahnung, er rät und entscheidet sich. Herr Riemann entlarvt nun eine von Albert nicht gewählte Lösung als falsch. Albert bekommt das Angebot, sich zwischen den verbleibenden Lösungen noch einmal neu entscheiden zu können.
Soll Albert sich neu entscheiden oder bei der ursprünglichen Lösung bleiben?
Da Albert Spezialist für Wahrscheinlichkeitsrechnung ist, beginnt er zu überlegen...

a) Gehe davon aus, dass alle Entscheidungen rein zufällig getroffen werden. Beschrifte das Baumdiagramm. A, B, C stehen für die drei möglichen Lösungen, NE steht für: neu entscheiden, BL steht für: bei der alten Entscheidung bleiben.

b) Nimm an, dass A die richtige Lösung ist. Markiere die Pfade farbig, die zu einer richtigen Antwort von Albert führen.

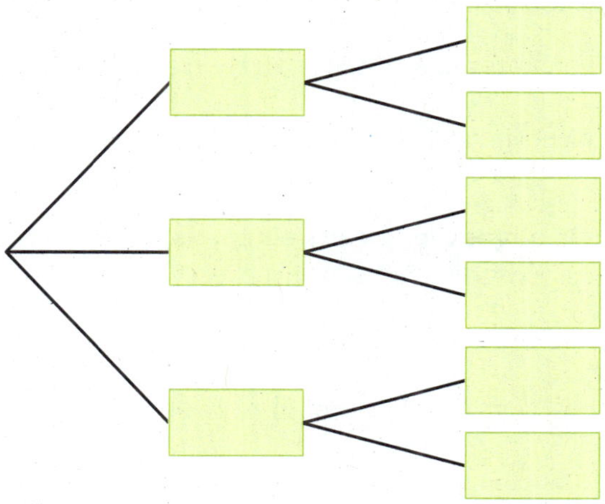

c) Trage die Wahrscheinlichkeiten in die Mehrfeldertafel ein. Ergänze die fehlenden Wahrscheinlichkeiten.

	A	B	C	Summe
neu entscheiden				
bei der Entscheidung bleiben				
Summe				

d) Nimm wieder an, dass A die richtige Lösung ist.
Wie groß ist die Wahrscheinlichkeit zu gewinnen, wenn man sich neu entscheidet?

Wie groß ist die Wahrscheinlichkeit zu verlieren, wenn man bei seiner Entscheidung bleibt?

Wie groß ist die Wahrscheinlichkeit zu gewinnen, wenn man bei seiner Antwort bleibt?

Wie groß ist die Wahrscheinlichkeit zu verlieren, wenn man sich neu entscheidet?

Wie sollte sich Albert nach dem Angebot des Lehrers Riemann verhalten?

Vermischtes zu Wahrscheinlichkeiten 1

1 Viermaliges Werfen eines Würfels
Wie groß ist die Wahrscheinlichkeit, dass

a) keine „6“ geworfen wird?

b) mindestens eine „6“ geworfen wird?

2 Viermaliger Münzwurf
Wie groß ist die Wahrscheinlichkeit,

a) genau zweimal Wappen zu erzielen?

b) nicht vier gleiche zu erzielen?

3 Zweimaliges Ziehen aus einem Skatblatt mit 32 Karten ohne Zurücklegen
Wie groß ist die Wahrscheinlichkeit,

a) zwei Asse zu ziehen?

b) zwei Luschen (7, 8 oder 9) zu ziehen?

4 Multiple Choice Test mit 10 Fragen mit jeweils zwei Antwortmöglichkeiten
Ein Schüler kreuzt ohne zu überlegen an.

a) Wie groß ist die Wahrscheinlichkeit, dass alle richtig sind?

b) Wie groß ist die Wahrscheinlichkeit, dass genau acht richtig sind?

5 Kugeln ziehen
Aus einem Behälter mit 5 roten und 7 blauen Kugeln werden 4 Kugeln herausgegriffen.

a) Wie groß ist die Wahrscheinlichkeit, dass alle rot sind?

b) Wie groß ist die Wahrscheinlichkeit, dass alle blau sind?

c) Wie groß ist die Wahrscheinlichkeit, dass eine rot und drei blau sind?

6 Kugeln ziehen
In einem Behälter befinden sich 4 rote, 3 blaue und 2 grüne Kugeln. Es werden 2 Kugeln ohne Zurücklegen gezogen.

a) Zeige, dass man mit einer Chance von 1 : 2 eine rote und eine blaue Kugel zieht.

b) Bestimme die Wahrscheinlichkeit, eine grüne Kugel zu ziehen.

Vermischtes zu Wahrscheinlichkeiten 2

1 Wahrscheinlichkeiten

Welche Zahlen können keine Wahrscheinlichkeiten sein?

0,9 | −0,1 | 50 % | 1,1 | $\frac{7}{8}$ | 0,001

2 Glücksspiel

Setze 2 € und ziehe drei Karten aus einem Kartenspiel mit 32 Karten, ohne die Karten zurückzustecken. Ziehe dreimal die gleiche „Farbe“ und gewinne 30 €. Die „Farben“ sind Karo, Herz, Pik und Kreuz.

a) Wie groß ist die Gewinnwahrscheinlichkeit?

b) Berechne, wie viel Geld „die Bank“ bei 111 Spielen voraussichtlich gewinnt bzw. verliert.

c) Bestimme die Gewinnwahrscheinlichkeit, wenn man für einen Gewinn drei verschiedene Farben ziehen muss.

3 Skat-Situationen

Beim Skatpiel erhält jeder der drei Spieler beim Austeilen zunächst drei Karten.

a) Bestimme die Wahrscheinlichkeit dafür, dass der erste Spieler mit den ersten drei Karten einen Buben erhält.

b) Wie groß ist Wahrscheinlichkeit, dass die beiden anderen Karten die Farbe des Buben haben?

c) Etwas schwieriger: Jeder Spieler soll unter den ersten drei Karten ein As erhalten. Berechne die Wahrscheinlichkeit für jeden Spieler und die Gesamtwahrscheinlichkeit.

4 Würfelglück

Es wird gleichzeitig mit vier Würfeln gewürfelt.

a) Wie groß ist die Wahrscheinlichkeit, dass mindestens eine 4 gewürfelt wird?

b) Wie groß ist die Wahrscheinlichkeit, dass genau 1-mal eine 4 gewürfelt wird?

c) Wie groß ist die Wahrscheinlichkeit, dass genau 3-mal eine 4 gewürfelt wird?

d) Wie groß ist die Wahrscheinlichkeit, dass das Produkt der vier Augenzahl 16 ergibt?

Quadratische Funktionen 1

1 Welche Funktionsgleichung gehört zu einer linearen, welche zu einer quadratischen Funktion? Welche gehört weder zu einer linearen noch zu einer quadratischen Funktion?

a) $y = 4x^2 - 6x + 3$ b) $y = 3x + 4$ c) $y = 2x - 4x^2$ d) $y = x \cdot (x + 1)$
e) $y = 2 - 3x$ f) $y = 3 \cdot \frac{1}{x} + 2$ g) $y = \frac{1}{4}x^2$ h) $y = 2x^2 + 3 \cdot \frac{1}{x} - 1$
i) $y = 3 \cdot (x - 1)$ k) $y = (x^2 - 2) \cdot x$ l) $y = \frac{2}{x^2 + x}$ m) $y = x + x + 2$

	a)	b)	c)	d)	e)	f)	g)	h)	i)	k)	l)	m)
linear	G	L	A	S	B	I	E	S	T	E	R	W
quadratisch	E	I	L	E	S	A	T	T	E	L	O	S
weder noch	E	V	I	L	L	A	L	E	H	R	E	R

Lösungswort: ______________________

2 Die Tabellen gehören zu quadratischen Funktionen. Zeichne die Punkte und den Graphen wie im Beispiel ein. Welche Tabelle gehört zu welcher Funktionsgleichung?

a)

x	y
−2,5	0
−2,25	0,75
−2	1
−1,75	0,75
−1,5	0

b)

x	y
1,5	0
1,75	0,75
2	1
2,25	0,75
2,5	0

c)

x	y
−1	0
−0,5	−3
0	−4
0,5	−3
1	0

d)

x	y
−4	0
−2	2,25
0	3
2	2,25
4	0

e)

x	y
−4	0
−2	−3,75
0	−5
2	−3,75
4	0

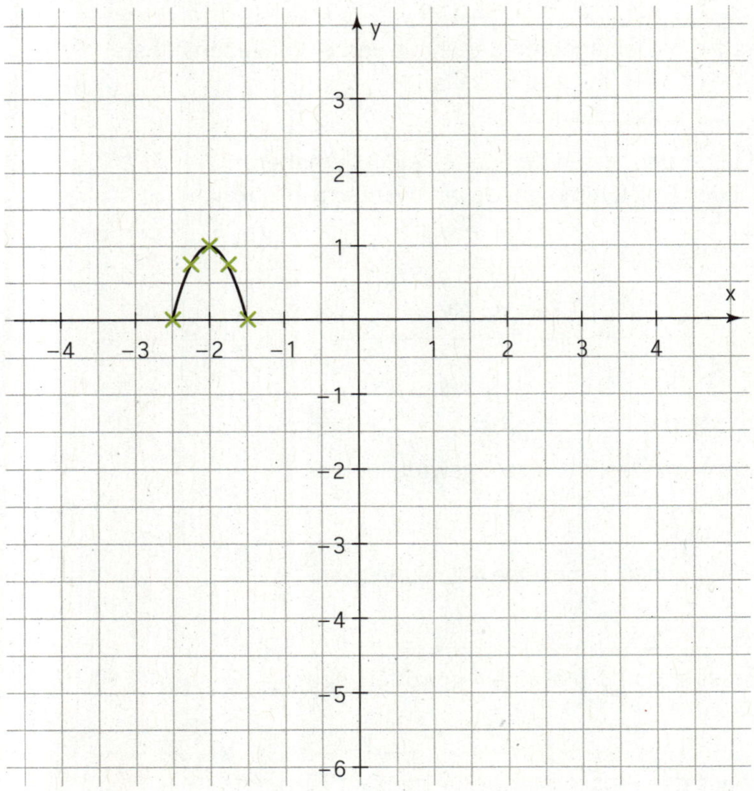

A $y = 4(x - 1)(x + 1)$

G $y = -4x^2 - 16x - 15$

H $y = \frac{5}{16}x^2 - 5$

P $y = -\frac{3}{16}x^2 + 3$

R $y = -4(x - 1{,}5)(x - 2{,}5)$

a)	b)	c)	d)	e)

Quadratische Funktionen 2

1 Welche Gleichungen stellen dieselbe Funktion dar?

a)	$y = (x - 3) \cdot x$		$y = -4x^2 - 10x + 24$
b)	$y = (x + 4)(x - 2)$		$y = 4x^2 + 4x - 8$
c)	$y = (3 - x)(x - 2)$		$y = -x^2 + 5x - 6$
d)	$y = 2(x + 4)(3 - 2x)$		$y = x^2 + 2x - 8$
e)	$y = 4(x - 1)(x + 2)$		$y = x^2 - 3x$

Lösungswort: ______________________________

2 Vervollständige die Tabelle und zeichne den Graphen.

a) $y = x^2 - 2$

x	y
−2,5	
−2	
−1	
0	
1	
2	
2,5	

b) $y = -x^2 + 4$

x	y
−2,5	
−2	
−1	
0	
1	
2	
2,5	

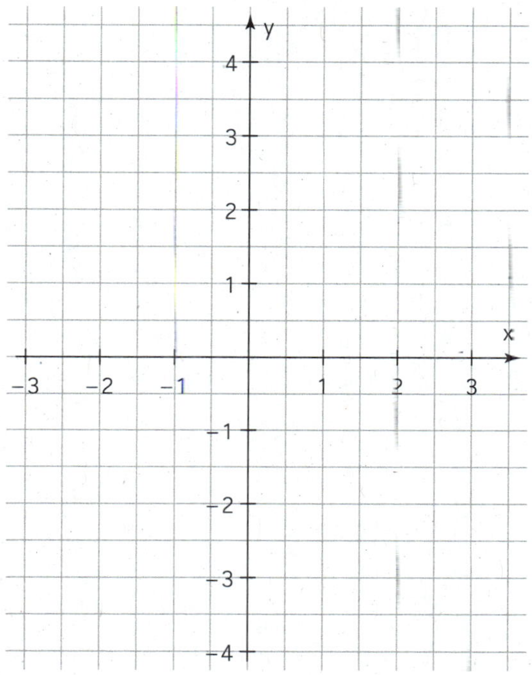

3 Welche Graphen, Wertetabellen und Funktionsgleichungen gehören zusammen?

a)
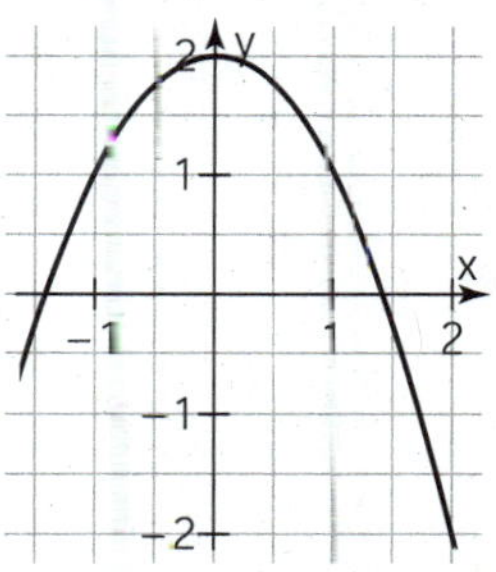

b)
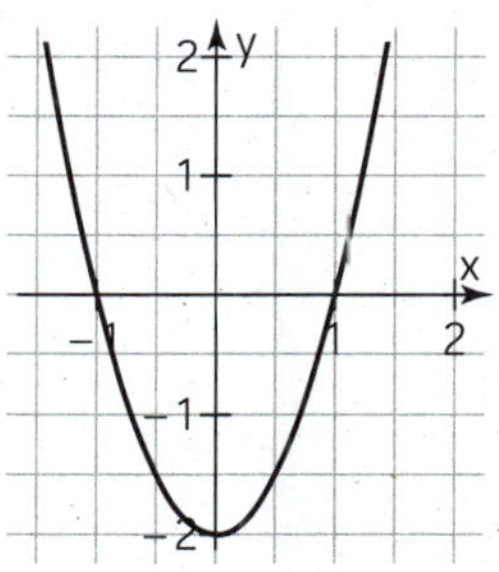

c)
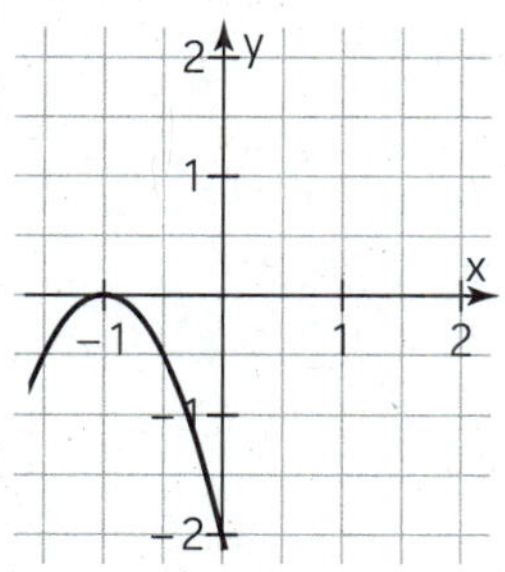

d)
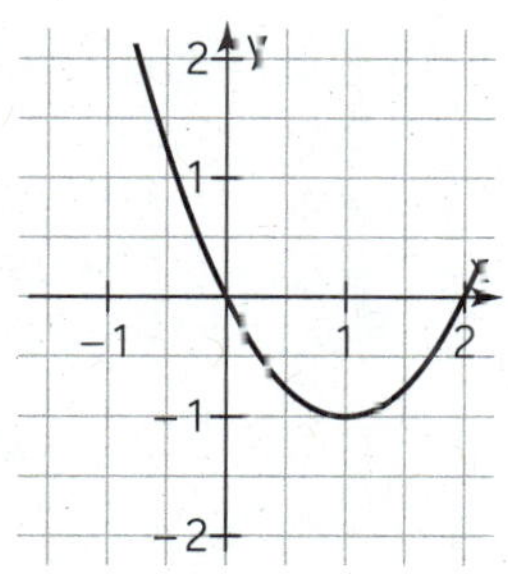

(1)

x	y
−1	3
0	0
1	−1

(2)

x	y
−1,5	−0,5
−1	0
0	−2

(3)

x	y
−2	−2
0	2
1	1

(4)

x	y
−1	0
0	−2
1,5	2,5

(I) $y = 2x^2 - 2$
(II) $y = -x^2 + 2$
(III) $y = x^2 - 2x$
(IV) $y = -2x^2 - 4x - 2$

a)	b)	c)	d)

Quadratische Funktionen 3

1 Welche Punkte liegen auf dem zu der Funktionsgleichung gehörigen Graphen?

a) $f(x) = x^2 - 8$ A(−2|4); R(1|7); N(2|−4); O(−3|1) ______

b) $f(x) = x^2 + 2x - 3$ W(−2|−11); I(1|0); R(−1|0); T(2|5) ______

c) $f(x) = 3x^2 - 4x + 5$ K(−1|12); I(−2|9); N(2|9); D(1|6) ______

d) $f(x) = -0{,}5x^2 + x$ U(2|0); F(4|−4); E(−2|0); R(−4|4) ______

2 Welcher Graph gehört zu der Funktionsgleichung? Stelle die Gleichung in der Form $y = ax^2 + bx + c$ dar.

(1)
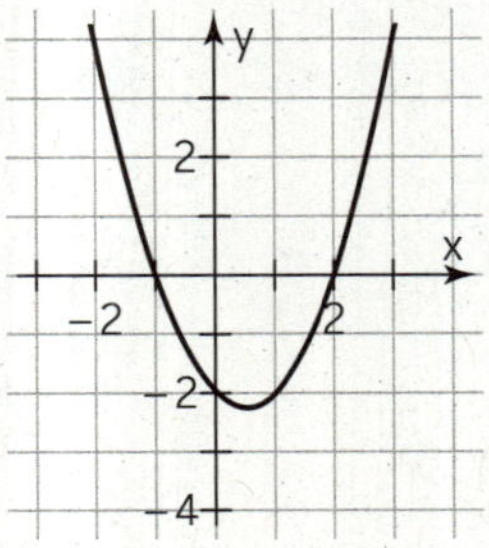

(2)
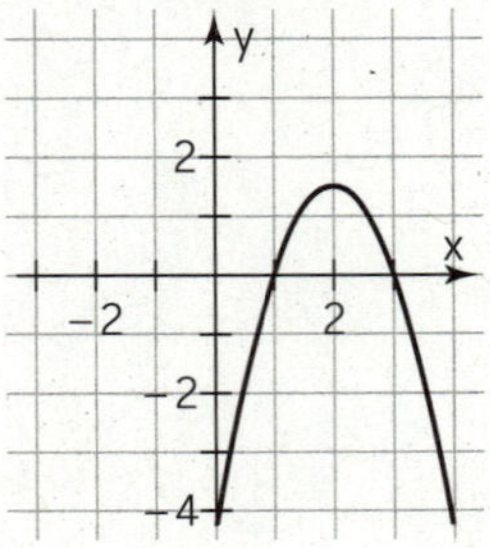

(3)
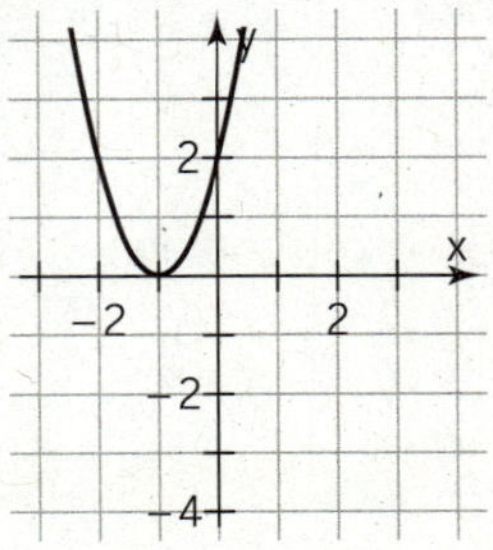

(4)
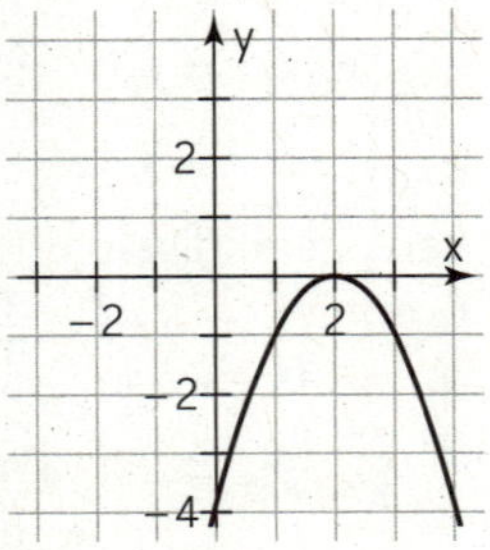

a) $y = 2(x + 1)^2$ Graph Nr.: ______ ______

b) $y = -(x - 2)^2$ Graph Nr.: ______ ______

c) $y = (x - 2)(x + 1)$ Graph Nr.: ______ ______

d) $y = 1{,}5(x - 1)(3 - x)$ Graph Nr.: ______ ______

3 Gib die gesuchten Koordinaten an.

a)
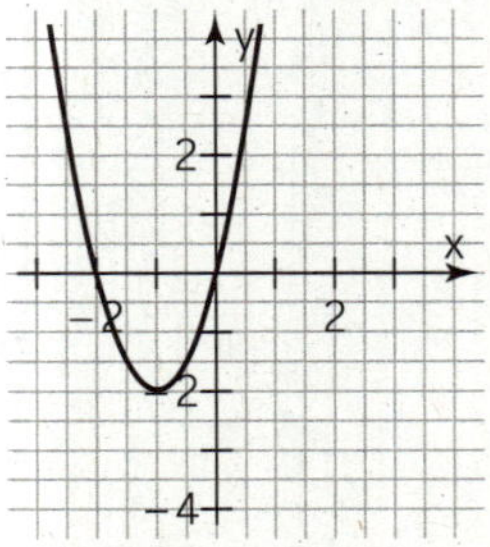

b)
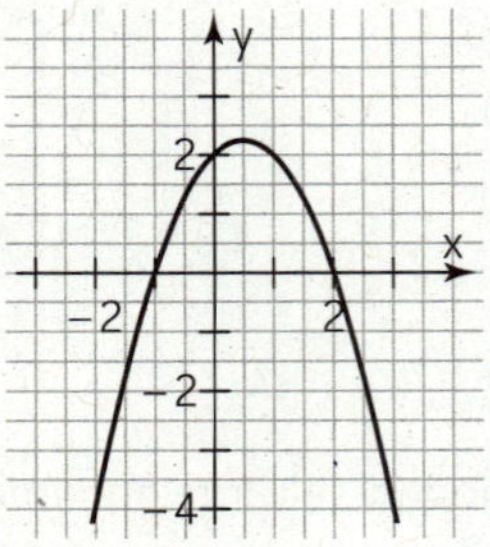

c)
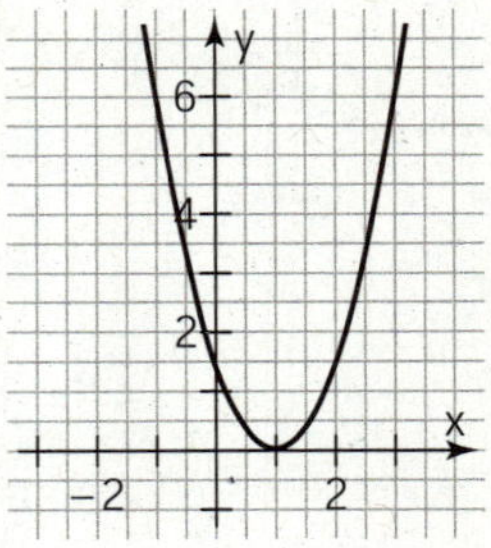

d)
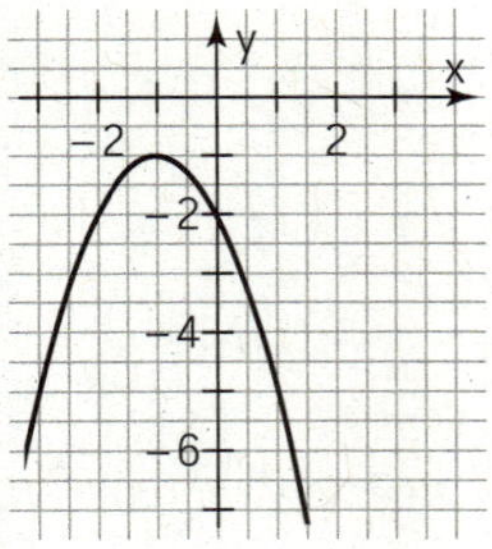

(1) Wo schneidet der Graph die x-Achse?
(2) Wo schneidet der Graph die y-Achse?
(3) Welche Koordinaten hat der höchste bzw. tiefste Punkt des Graphen?
(4) Welcher y-Wert gehört zum Wert x?
(5) Welche x-Werte gehören zum Wert y?

	(1)		(2)	(3)	(4)		(5)		
a)					x = 0,5		y = −1,5		
b)					x = 3		y = 2		
c)					x = 2,5		y = 1,5		
d)					x = −2		y = −5		

Quadratische Funktionen 4

1 Stelle die Gleichung auf, die hier grafisch gelöst wird. Lies die Lösungen ab und überprüfe sie, indem du sie in die Gleichung einsetzt.

a)
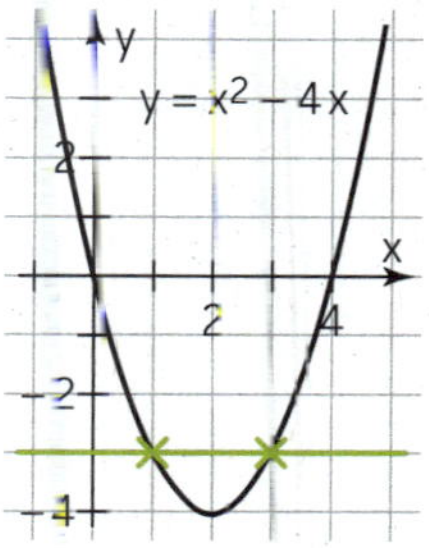

b)
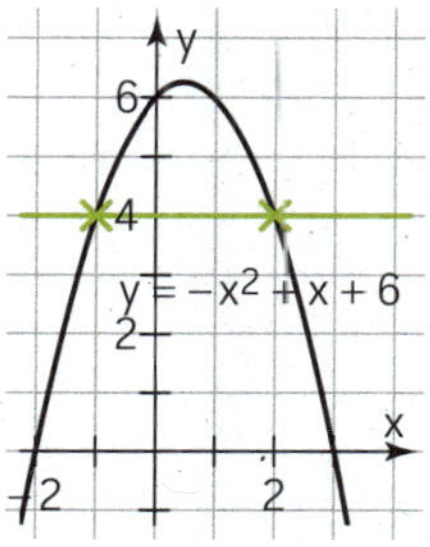

c)
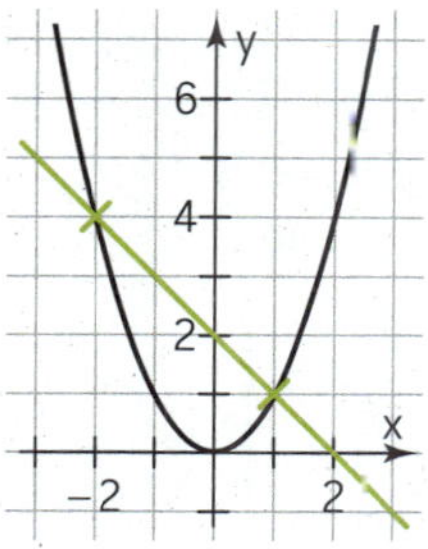

d)
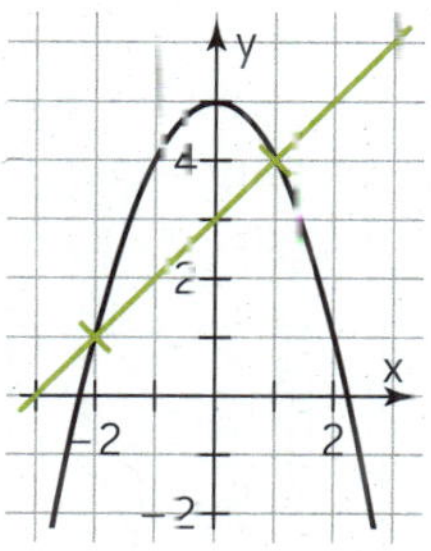

a) ______________________________

____

b) ______________________________

____

c) ______________________________

____

d) ______________________________

____

2 Löse grafisch.

a) $x^2 = 2x$
b) $x^2 = -1{,}5x + 1$
c) $x^2 + x - 2 = 0$
d) $x^2 - 0{,}5x - 3 = 0$

____

____

____

____

____

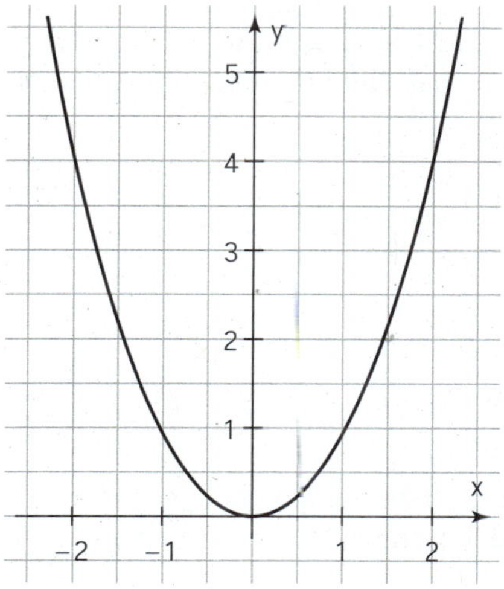

3 Erzeuge den Graphen zu der Funktionsgleichung mit dem GTR (grafischer Taschenrechner) und beantworte die Fragen.

a) $y = x^2 - 1{,}05x - 2{,}7$
b) $y = -x^2 + 4x - 2{,}04$
c) $y = 3x^2 + 8x - 3$
d) $y = -3x^2 + 5{,}2x + 16$

(1) Wo schneidet der Graph die x-Achse?
(2) Wo schneidet der Graph die y-Achse?
(3) Welche Koordinaten hat der höchste bzw. tiefste Punkt des Graphen?
(4) Welcher y-Wert gehört zum Wert x?
(5) Welche x-Werte gehören zum Wert y?

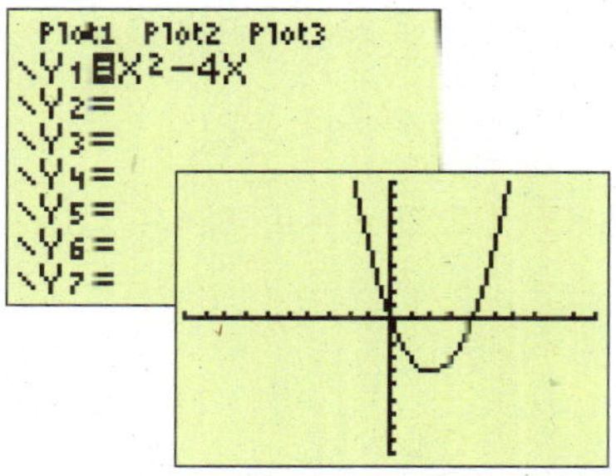

	(1)		(2)	(3)	(4)		(5)	
a)					x = 3		y = 1	
b)					x = 1		y = −1	
c)					x = −2		y = 2	
d)					x = 3		y = 5	

Graphen quadratischer Funktionen 1

1 Max behauptet, er habe ein Verfahren gefunden, mit dem er Punkte der Normalparabel konstruieren kann.
Er wählt auf der x-Achse einen Punkt A(x|0) und verbindet ihn mit dem Punkt B(0|−1). Dann zeichnet er in A die Senkrechte zu AB.
Ihr Schnittpunkt mit der y-Achse ergibt die y-Koordinate des Punktes P. P ist ein Punkt der Normalparabel.

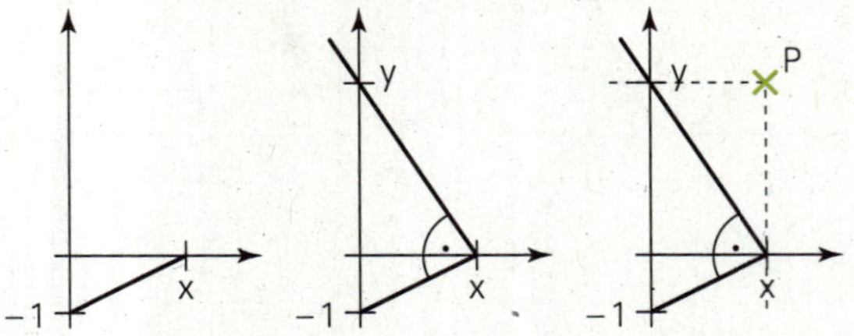

Konstruiere auf diese Art drei Punkte und überprüfe die Behauptung durch Rechnung.

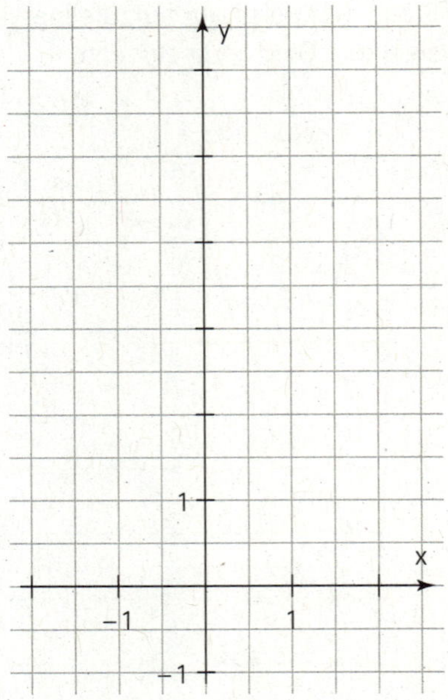

2 Bestimme a so, dass der Graph von $y = ax^2$ durch den Punkt P geht. Gib auch die Nummer des zugehörigen Graphen an.

a) P(6|18) a = ______ Graph: ______

b) P(6|−72) a = ______ Graph: ______

c) P(6|54) a = ______ Graph: ______

d) P(6|−9) a = ______ Graph: ______

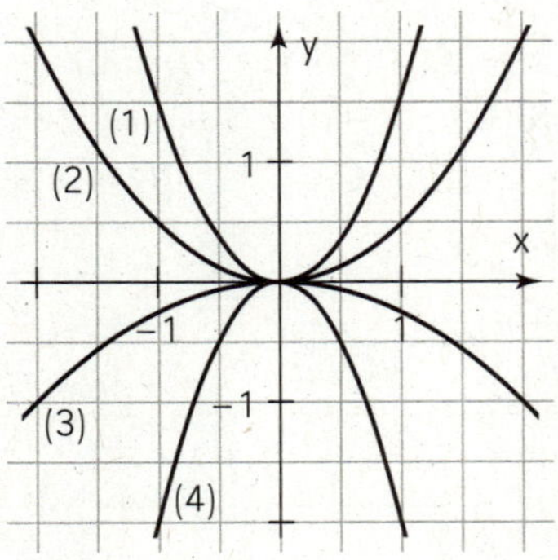

3 Bestimme e so, dass der Graph der angegebenen Funktion durch den Punkt P geht. Gib auch die Nummer des zugehörigen Graphen an.

a) $y = x^2 + e$, P(4|14) e = ______ Graph: ______

b) $y = 0{,}5x^2 + e$, P(4|9,5) e = ______ Graph: ______

c) $y = -3x^2 + e$, P(4|−46) e = ______ Graph: ______

d) $y = -0{,}25x^2 + e$, P(4|−3,5) e = ______ Graph: ______

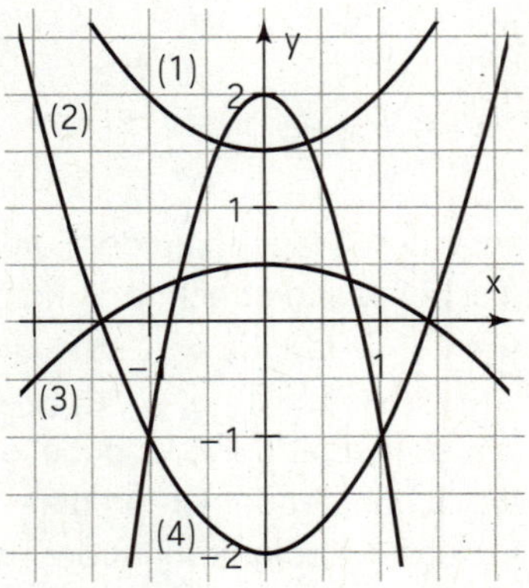

4 Bestimme die Koeffizienten.

a) $y = ax^2 + e$ a = ______ e = ______

b) $y = a(x - d)^2$ a = ______ d = ______

c) $y = a(x - d)^2 + e$ a = ______ d = ______ e = ______

d) $y = a(x - d)^2 + e$ a = ______ d = ______ e = ______

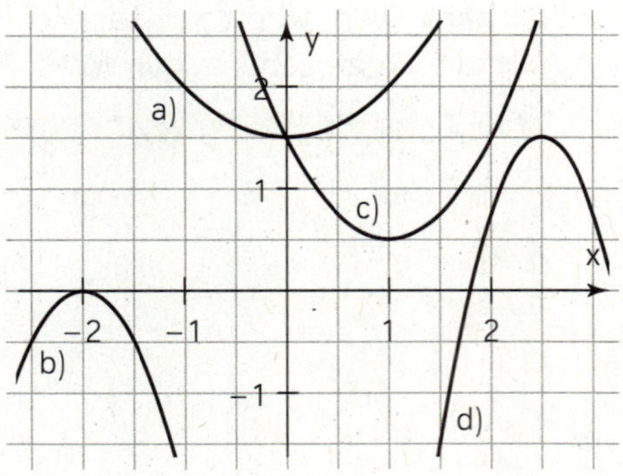

Graphen quadratischer Funktionen 2

1 Bestimme die zu dem Graphen gehörige Funktionsgleichung.

a) ______________________

b) ______________________

c) ______________________

d) ______________________

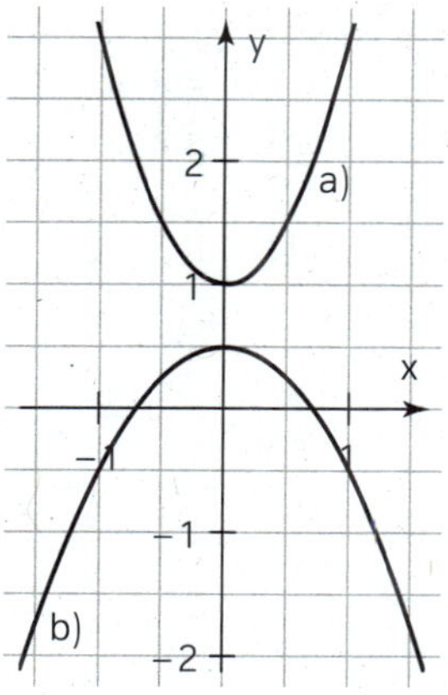

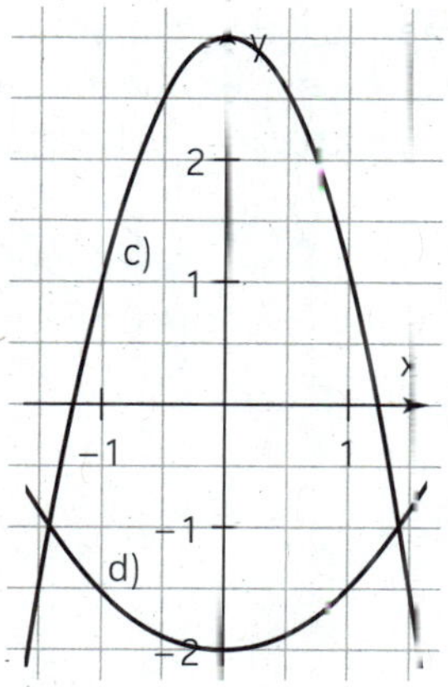

2 Welcher Punkt liegt auf dem nicht mehr dargestellten Teil des Graphen?

a)
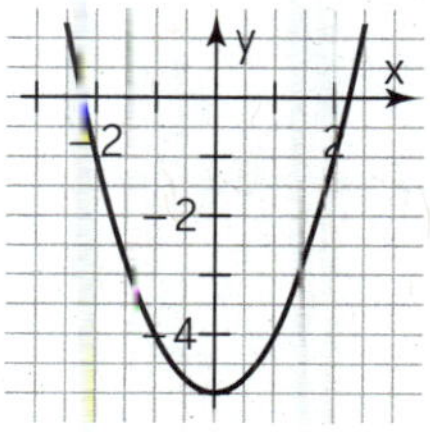

S(−4|11); C(5|20); H(−5|−30); I(7|45)

b)
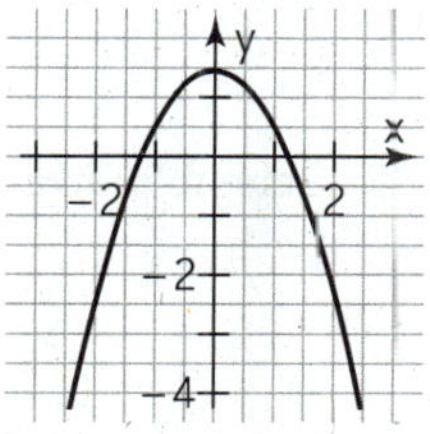

H(−4|−14,5); I(−5|53); E(5|−23,5); B(7|−34)

c)
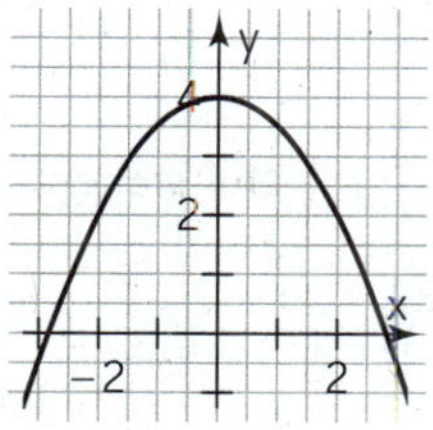

H(4|12); I(5|−8,5); R(−5|16,5); T(7|−20,5)

d)
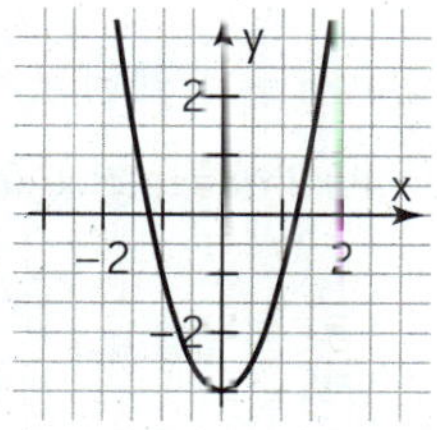

Z(4|30); I(−5|53); E(5|47); L(7|95)

3 Zeichne den Graphen.

a) $y = x^2 + 2$

b) $y = -x^2 + 1$

c) $y = (x + 2)^2 + 1$

d) $y = (x - 2)^2 + 1$

e) $y = -(x + 2)^2 + 2$

f) $y = -(x - 2)^2 + 2$

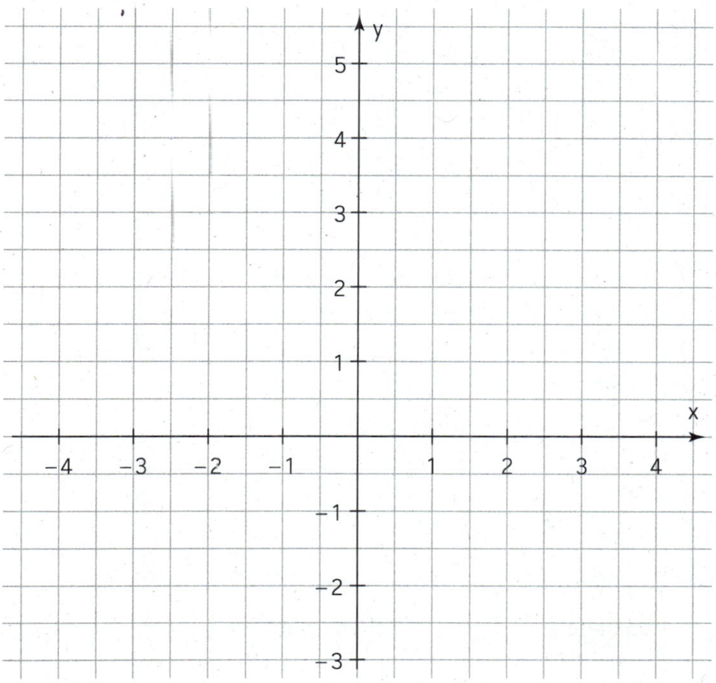

Graphen quadratischer Funktionen 3

1 Max sollte zu den Graphen die zugehörigen Funktionsgleichungen aufschreiben. Dabei hat er ziemlich viele Fehler gemacht. Korrigiere sie.

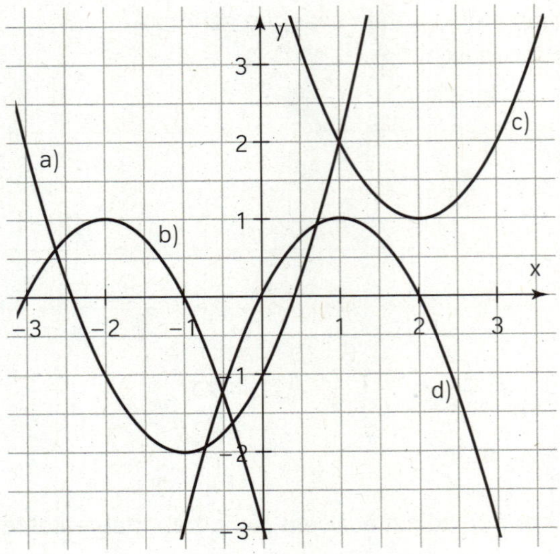

a) $y = (x-1)^2 - 2$ $\quad y =$ ____________

b) $y = -(x-2)^2 + 1$ $\quad y =$ ____________

c) $\quad y =$ ____________

d) $y = -(x+1)^2 - 1$ $\quad y =$ ____________

2 Ergänze die Tabelle:

Funktionsgleichung	Nullstellen		Scheitelpunkt	Maximum oder Minimum
$y = (x-1)(x-5)$				
$y = (x+4{,}5)(x-2{,}5)$				
$y = (x+4)(2-x)$				
$y = (x+2)(x+6)$				
$y = (1-x)(x-3)$				

3 Welche der Darstellungen beschreiben dieselbe Funktion?

a) $y = -x^2 + 4x$

b) $y = x^2 - 2x - 8$

c) $y = x^2 + 6x + 8$

d) $y = -x^2 + 10x - 21$

N $y = (x+2)(x+4)$ ____________

E $y = -(x-5)^2 + 4$ ____________

T $y = (x-3)(7-x)$ ____________

A $y = (x+3)^2 - 1$ ____________

D $y = (x+2)(x-4)$ ____________

R $y = -(x-2)^2 + 4$ ____________

O $y = x(4-x)$ ____________

I $y = (x-1)^2 - 9$ ____________

a)			b)			c)			d)		

Gib die Nullstellen und Scheitelpunkte der Parabeln an.

	Nullstellen		Scheitelpunkt		Nullstellen		Scheitelpunkt
a)				b)			
c)				d)			

Graphen quadratischer Funktionen 4

1 Zeichne die gesuchte Parabel.
Die Normalparabel wird
a) um 2 Einheiten nach links und 3 nach unten verschoben,
b) um 3 Einheiten nach rechts und 1 Einheit nach oben verschoben,
c) an der x-Achse gespiegelt und um 2 Einheiten nach rechts und 1 Einheit nach unten verschoben,
d) um 1 Einheit nach links und 2 Einheiten nach unten verschoben und an der x-Achse gespiegelt.

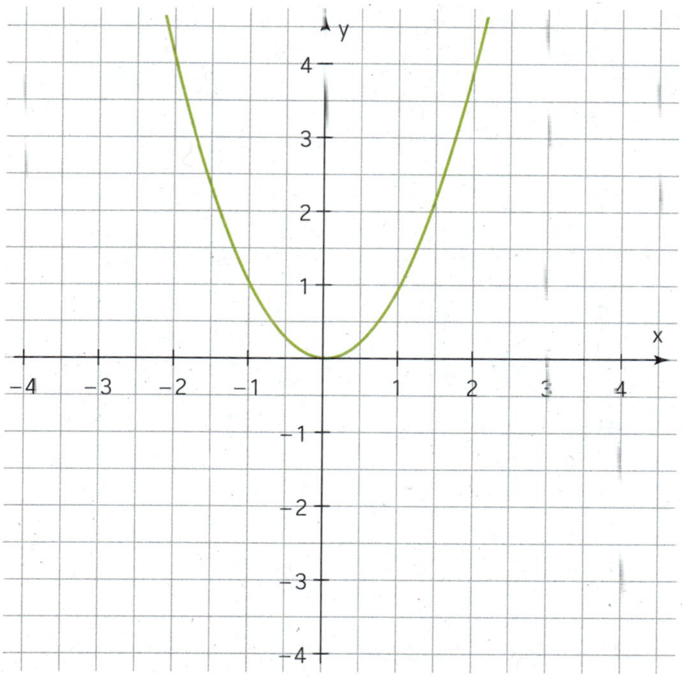

2 Gib den Scheitelpunkt und die Scheitelpunktform der Parabel an, die durch die folgende Bedingung festgelegt wird. Skizziere dann die Parabel. Es genügt eine Darstellung in der Nähe des Scheitelpunkts.

Die Parabel entsteht aus der Normalparabel durch
a) eine Verschiebung um 2 Einheiten nach rechts und 3 nach unten,
b) eine Verschiebung um 4 Einheiten nach links und 2 nach oben,
c) eine Spiegelung an der x-Achse und eine Verschiebung um 3 Einheiten nach rechts und 4 nach oben,
d) eine Spiegelung an der x-Achse und eine Verschiebung um 1 Einheit nach links und 3 nach unten,
e) eine Verschiebung um 4 Einheiten nach links und 2 nach oben und eine Spiegelung an der x-Achse,
f) eine Verschiebung um 3 Einheiten nach links und 5 nach unten und eine Spiegelung an der y-Achse.

a) S(____|____) y = ____________
b) S(____|____) y = ____________
c) S(____|____) y = ____________
d) S(____|____) y = ____________
e) S(____|____) y = ____________
f) S(____|____) y = ____________

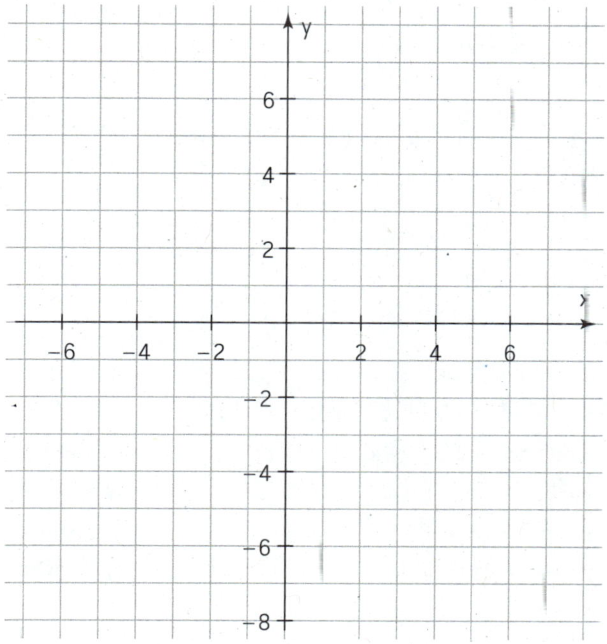

Graphen quadratischer Funktionen 5

1 Eine quadratische Funktion hat die gegebenen Nullstellen. Ordne die zugehörige Scheitelpunktform zu.

$x_1 = 0$	$x_2 = 2$	$y = -(x - 4{,}5)^2 + 2{,}25$	A
$x_1 = -1$	$x_2 = 5$	$y = -(x + 4)^2 + 6{,}25$	D
$x_1 = 3$	$x_2 = 6$	$y = (x - 1)^2 - 1$	E
$x_1 = -8$	$x_2 = -2$	$y = (x + 1{,}5)^2 - 20{,}25$	I
$x_1 = -6$	$x_2 = 3$	$y = -(x + 5)^2 + 9$	N
$x_1 = -1{,}5$	$x_2 = -6{,}5$	$y = -(x - 4{,}5)^2 + 16$	O
$x_1 = -3{,}5$	$x_2 = 4{,}5$	$y = (x - 0{,}5)^2 - 16$	R
$x_1 = 0{,}5$	$x_2 = 8{,}5$	$y = (x - 2)^2 - 9$	T

Lösungswort: ____________________

2 Überführe die Funktionsgleichung in die Scheitelpunktform. Beachte, ob beim Scheitelpunkt ein Maximum oder ein Minimum vorliegt.

	Nullstellen		Koordinaten Scheitelpunkt		Scheitelpunktform
a) $y = (x + 2)(x + 6)$					y = ________
b) $y = (x - 2)(x + 7)$					y = ________
c) $y = (x + 2)(x - 8)$					y = ________
d) $y = (x - 1)(x - 9)$					y = ________
e) $y = (x - 2)(4 - x)$					y = ________
f) $y = (x + 3)(5 - x)$					y = ________
g) $y = (x + 9)(1 - x)$					y = ________

3 Eine verschobene Normalparabel hat den Scheitelpunkt S. Stelle ihre Gleichung in der allgemeinen Form dar.

a) $S(6|-3)$ y = ________ y = ________ b) $S(3|-6)$ y = ________ y = ________

c) $S(-6|-3)$ y = ________ y = ________ d) $S(3|6)$ y = ________ y = ________

4 Bei den Funktionen wurden die Nullstellen bestimmt. Finde die Fehler.
Die zugehörigen Buchstaben ergeben das Lösungswort.

Funktion	x_1		x_2	
$y = 3x^2 - 7{,}5x$	1	F	2,5	R
$y = x^2 + 5x + 6$	−3	B	2	R
$y = -x^2 + 2x + 15$	−3	F	4	E

Funktion	x_1		x_2	
$y = 2x^2 + x - 3$	1,5	E	1	I
$y = x^2 - 4{,}5x + 2$	0,5	E	3	I
$y = -1{,}5x^2 + 9x - 12$	2	I	−4	N

Lösungswort: ____________________

Graphen quadratischer Funktionen 6

1 Eine verschobene Normalparabel hat den Scheitelpunkt S. Welche der Punkte liegen auf der Parabel?

a) S(10|−20) D(3|29); R(8|16); E(11|19); I(16|16) y = ______

b) S(−6|10) V(0|46); I(−3|19); E(−7|−11); R(−11|30) y = ______

Eine an der x-Achse gespiegelte und verschobene Normalparabel hat den Scheitelpunkt S.
Welcher der Punkte liegt auf der Parabel?

c) S(2|−11) S(−4|−47); T(−1|20); I(0|−15); L(5|20) y = ______

d) S(−7|6) M(−11|10); O(−9|2); N(−6|5); D(−4|3) y = ______

Lösungswort: ______

2 Ermittle den Scheitelpunkt und die Scheitelpunktform der Parabel.

a) $y = x^2 - 2x$ ______ ______ S ______ y = ______

b) $y = x^2 + 3x$ ______ ______ S ______ y = ______

c) $y = -x^2 + 6x$ ______ ______ S ______ y = ______

d) $y = x - x^2$ ______ ______ S ______ y = ______

3 Gesucht wird die Gleichung einer verschobenen Normalparabel in der Scheitelpunktform und der allgemeinen Form.

a) Die Parabel hat den Scheitelpunkt S(−2|−4).
b) Die Parabel schneidet die x-Achse an den Stellen −2 und 5.
c) Die Parabel geht durch den Ursprung, ihre Symmetrieachse geht durch den Punkt P(2|0).
d) Die Parabel schneidet die y-Achse bei 4, ihre Symmetrieachse geht durch P(3|0).
e) Die Parabel geht durch den Ursprung, ihr Scheitelpunkt ist S(x|−4). (zwei Möglichkeiten)

a) y = ______ y = ______

b) y = ______ y = ______

c) y = ______ y = ______

d) y = ______ y = ______

e) y = ______ y = ______

4 Die Graphen der verschobenen Normalparabeln sind nicht vollständig gezeichnet. Bestimme ihren Scheitelpunkt und gib ihre Gleichung an.

a)
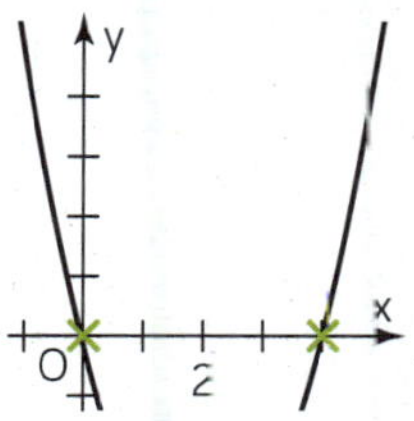

b)
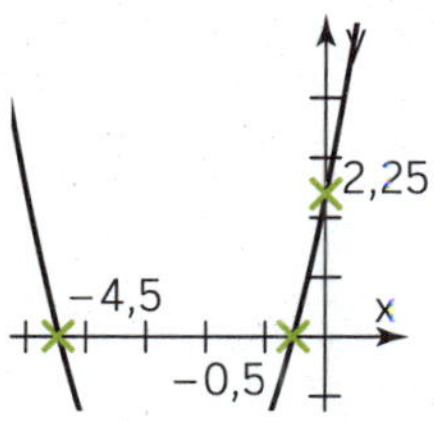

c)
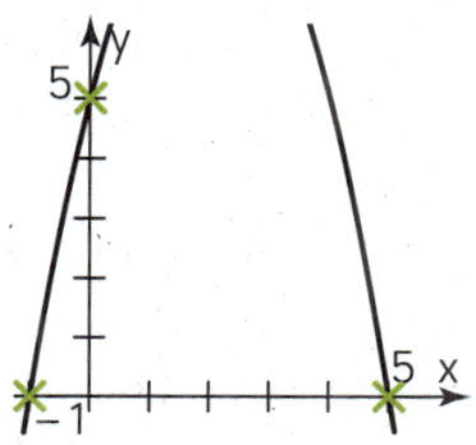

d)
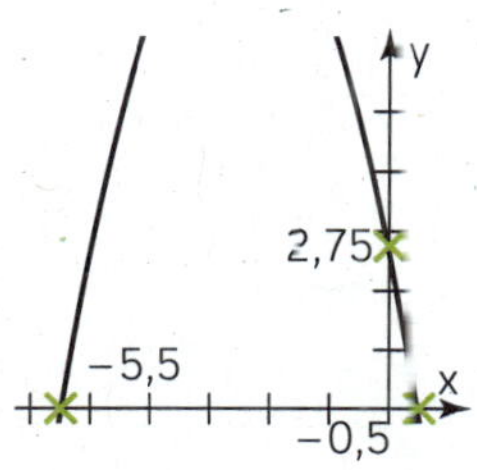

a) ______ b) ______

c) ______ d) ______

Quadratische Gleichungen 1

1 Gib die Lösungsmenge an.

a) $x^2 = 169$
b) $x^2 - 196 = 0$
c) $3x^2 = 48$
d) $6x^2 - 54 = 0$

e) $x^2 - 7 = 29$
f) $2x^2 - 48 = 50$
g) $(x - 7)^2 = 9$
h) $(x + 6)^2 + 7 = 8$

2 Welche x-Werte gehören bei der Parabel zu dem angegebenen y-Wert?

a) $y = (x - 4)^2 - 5$ $y = 31$
b) $y = 3(x + 2)^2 - 20$ $y = 28$

3 Bestimme d so, dass der zugehörige Graph durch den angegebenen Punkt P geht.

a) $y = (x - d)^2$ $P(5|4)$
b) $y = (x - d)^2 + 6$ $P(-6|10)$

4 Gib die Lösungsmenge an.

a) $3x^2 - 6x = 0$
b) $15x - 5x^2 = 0$
c) $8x^2 = 2x$

d) $3x = 12x^2$
e) $x^2 - 5x = 8x$
f) $8x^2 - 3x = 5x^2 - 6x$

5 Löse die quadratischen Gleichungen.

a) $x^2 - 14x + 49 = 0$
b) $x^2 + 3x + 2{,}25 = 0$
c) $3x^2 + 12x + 12 = 0$

d) $x^2 - 10x + 25 = 16$
e) $x^2 + 2x + 1 = 25$
f) $0{,}5x^2 + 4x + 8 = 32$

Quadratische Gleichungen 2

1 Bestimme die Lösungsmenge.

a) $x^2 - 6x + 8 = 0$ b) $x^2 - x - 12 = 0$ c) $x^2 + 5x + 4 = 0$

d) $x^2 - 2x + 8 = 0$ e) $x^2 + 1{,}5x - 1 = 0$ f) $x^2 + 11x + 30{,}25 = 0$

g) $x^2 + 0{,}5x - 5 = 0$ h) $x^2 + 2{,}5x - 6 = 0$

Lösungswort:

{−3; 4}	A
{−5,5}	A
{−4; −1}	D
{−4; 1,5}	D
{ }	I
{−2; 0,5}	K
{−2,5; 2}	N
{2; 4}	R

2 Bei den ersten Schritten zur Lösung der quadratischen Gleichung wurden teilweise Fehler gemacht. Die Buchstaben zu den falschen Rechnungen ergeben das Lösungswort.

a)	$x^2 + 12x - 14 = 0$ $x^2 + 12x + 6^2 = 14 + 36$ $(x + 6)^2 = 50$	O	b)	$x^2 + 4x - 8 = 0$ $x^2 + 4x + 2^2 = 8 + 2$ $(x + 2)^2 = 10$	R	c)	$x^2 - 6x + 7 = 0$ $x^2 - 6x + 9 = -7 + 9$ $(x - 9)^2 = 2$	A
d)	$x^2 - 2x - 1 = 0$ $x^2 - 2x + 1 = 1 + 1$ $(x - 1)^2 = 2$	U	e)	$x^2 + 2x - 14 = 0$ $x^2 + 2x + 1 = 1 + 14$ $(x + 1)^2 = 15$	N	f)	$x^2 + 8x - 8 = 0$ $x^2 + 8x + 16 = 8 - 16$ $(x + 4)^2 = 8$	D
g)	$x^2 - 8x + 6 = 0$ $x^2 - 8x + 4^2 = -6 + 16$ $(x - 4)^2 = 10$	F	h)	$x^2 - 10x + 5 = 0$ $x^2 + 10x + 25 = -5 + 25$ $(x + 5)^2 = 20$	I	i)	$x^2 - 4x + 3 = 0$ $x^2 - 4x + 4 = 3 + 4$ $(x - 2)^2 = 7$	X

Lösungswort:

3 Löse die quadratischen Gleichungen mithilfe der pq-Formel.
Die Lösungen stellen eine Geheimschrift dar, die du mithilfe der Tabelle entschlüsseln kannst.

a) $x^2 - 2x - 15 = 0$ b) $x^2 - 5x + 4 = 0$ c) $x^2 - 3x + 2 = 0$

d) $x^2 + 7x + 12 = 0$ e) $x^2 + 2x - 8 = 0$ f) $x^2 + 5x + 6 = 0$

g) $x^2 - 4x - 5 = 0$ h) $x^2 + 2x - 3 = 0$

		y				
		1	−2	3	−4	5
x	−1	A	B	C	D	E
	2	F	G	H	I	K
	−3	L	M	N	O	P
	4	Q	R	S	T	U
	−5	V	W	X	Y	Z

$$x_{1,2} = -\frac{p}{2} \pm \sqrt{\frac{p^2}{4} - q}$$

Lösungswort:

4 a) Für welche k hat die Gleichung $x^2 + 2x + k^2 = 0$ ganzzahlige Lösungen?

b) Für welche k hat die Gleichung $x^2 - 2kx + k = 0$ genau eine Lösung?

Quadratische Gleichungen 3

1 Bestimme die Lösungsmenge.

a) $3x^2 + 3x - 6 = 0$

b) $0{,}5x^2 - x - 4 = 0$

c) $30 - 4x = 2x^2$

d) $0{,}75x^2 + 9 = -6x$

e) $(x - 1)(x + 4) = 14$

f) $(x + 5)(x - 1) = -8$

g) $(x - 6)(x + 1) = 8$

h) $4x^2 + 9x + 8 = x^2 - 6x + 80$

i) $2x^2 - 10x + 27 = x(20 - x)$

k) $(x - 4)^2 = 1 + 10x - 2x^2$

l) $4x^2 - 22 = (2x + 3)(x + 1)$

m) $x^2 - 9 = 0{,}5(x - 3)^2$

n) $(2x - 1)^2 = 34 - x^2$

A	D	E	I	I	I	K	M	N	N	R	S	T
{1; 5}	{−2; 1}	{2,2; 3}	{−2; 4}	{−3; −1}	{−8; 3}	{−6; −2}	{−2; 7}	{1; 9}	{−2,5; 5}	{−6; 3}	{−5; 3}	{−9; 3}

Lösungswort: ______

2 Bestimme die Lösungen. Nutze gegebenenfalls ein CAS.

a) $x^2 - 0{,}00002x - 0{,}9999999999 = 0$

b) $x^4 - 8 \cdot \sqrt{15} \cdot x^2 + 225 = 0$

c) $17x^2 - 12x - 28 = x^2 + x + 3$

d) $17x^2 - 12x - 28 = x^2 + x + 3$

e) $7x^3 - 12x^2 - 4x + 1 = 0$

f) $x^3 - 0{,}01x^2 - 100x + 1 = 0$

f) $x^3 + 3x = 0$

g) $x^6 - 6x^3 + 8 = 0$

Quadratische Gleichungen 4

1 Bestimme p bzw. q so, dass x_1 eine Lösung ist. Berechne auch die zweite Lösung.

a) $x^2 - 4x + q = 0$ $\quad x_1 = 1$

b) $x^2 - 2x + q = 0$ $\quad x_1 = 3$

c) $x^2 + px + 6 = 0$ $\quad x_1 = 2$

d) $x^2 + px + 3{,}5 = 0$ $\quad x_1 = 7$

2 Bestimme b bzw. c so, dass x_1 eine Lösung ist. Berechne auch die zweite Lösung.

a) $2x^2 + 26x + c = 0$ $\quad x_1 = -2$

b) $0{,}5x^2 - x + c = 0$ $\quad x_1 = -4$

c) $3x^2 + bx - 33 = 0$ $\quad x_1 = -11$

d) $0{,}25x^2 + bx - 16 = 0$ $\quad x_1 = 4$

3 Finde zwei Zahlen, deren Summe u und deren Produkt v ergibt.

a) $u = 5{,}5 \quad v = 6$

b) $u = 5{,}5 \quad v = -3$

4 a) Bestimme q so, dass sich die Lösungen von $x^2 - 6x + q = 0$ um 4 unterscheiden.

b) Bestimme p so, dass sich die Lösungen von $x^2 + px + 8 = 0$ wie 1 : 2 verhalten.

5 a) Berechne die Nullstellen der Funktion.

(1) $f(x) = 3(x - 3)^2 - 12$

(2) $f(x) = 0{,}25x^2 + x - 15$

b) Berechne die Schnittstellen von Parabel und Gerade.

(1) $f(x) = 0{,}5x^2 + 2x - 6;\ g(x) = 10$

(2) $f(x) = 2x^2 - 6x - 40;\ g(x) = 4x + 60$

c) Berechne die Schnittstellen der Parabeln.

(1) $f_1(x) = x^2 - 12x - 8;\ f_2(x) = -x^2 + 6$

(2) $f_1(x) = 1{,}5x^2 - 4x + 7;\ f_2(x) = x^2 + 3x - 5$

−1; 7	2; 12	−5; 10	1; 5	−10; 6	−8; 4
A	L	M	N	O	R

Lösungswort: ____________

Quadratische Gleichungen 5

1 Die Parabeln sind (bis auf zwei) verschobene bzw. an der x-Achse gespiegelte Normalparabeln. Berechne die markierten Schnittpunkte. Gib die Koordinaten der Schnittpunkte auf eine Stelle nach dem Komma gerundet an.

a) 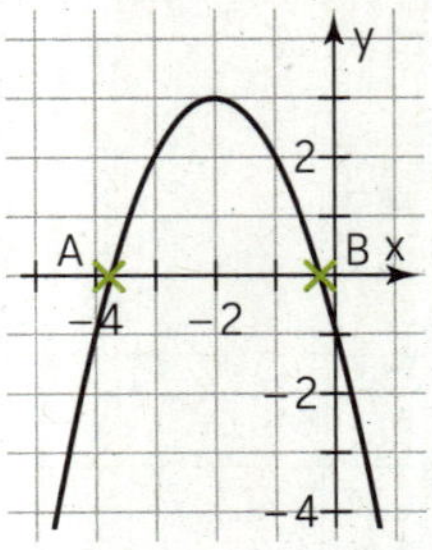

Gleichung: ______

$x_{1,2}$ = ______

x_1 = ______ x_2 = ______

A ______

B ______

b) 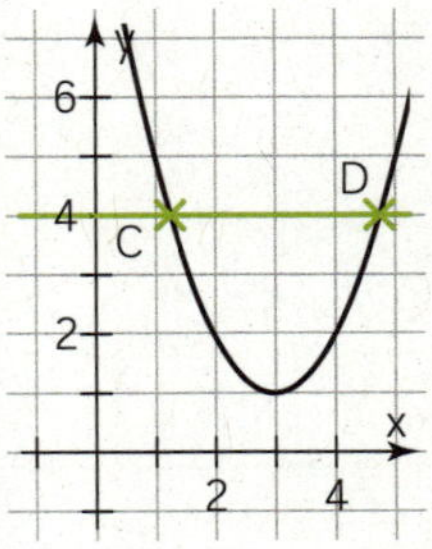

Gleichung: ______

$x_{1,2}$ = ______

x_1 = ______ x_2 = ______

C ______

D ______

c) 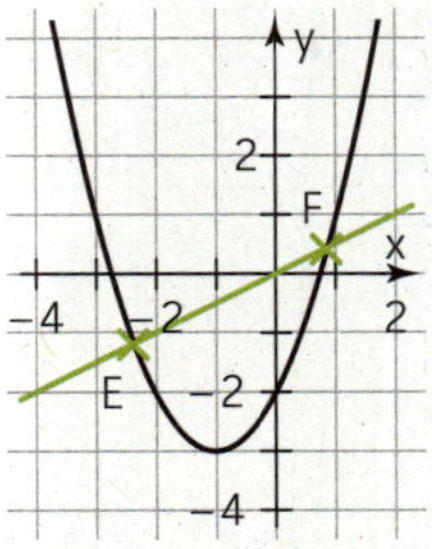

Gleichung: ______

$x_{1;2}$ = ______

x_1 = ______ x_2 = ______

E ______

F ______

d) 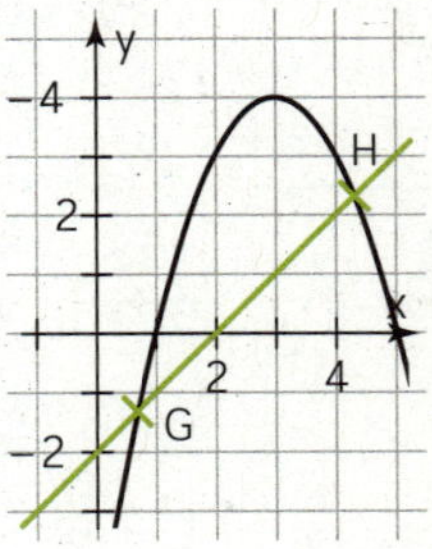

Gleichung: ______

$x_{1,2}$ = ______

x_1 = ______ x_2 = ______

G ______

H ______

e) 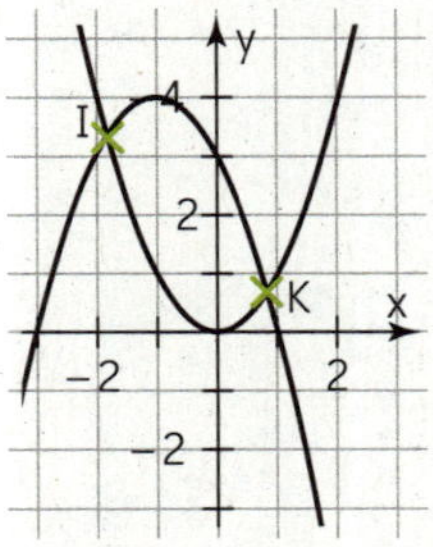

Gleichung: ______

$x_{1,2}$ = ______

x_1 = ______ x_2 = ______

I ______

K ______

f) 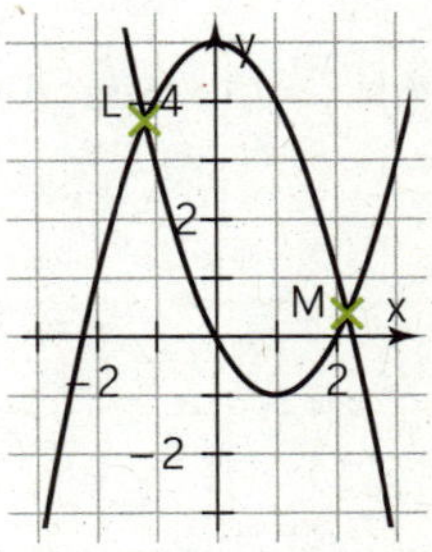

Gleichung: ______

$x_{1,2}$ = ______

x_1 = ______ x_2 = ______

L ______

M ______

g) 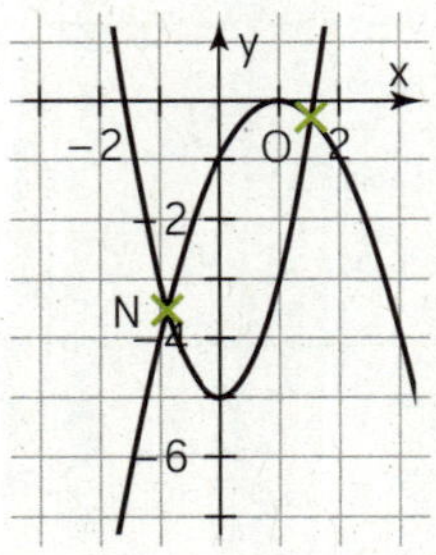

Gleichung: ______

$x_{1,2}$ = ______

x_1 = ______ x_2 = ______

N ______

O ______

h) 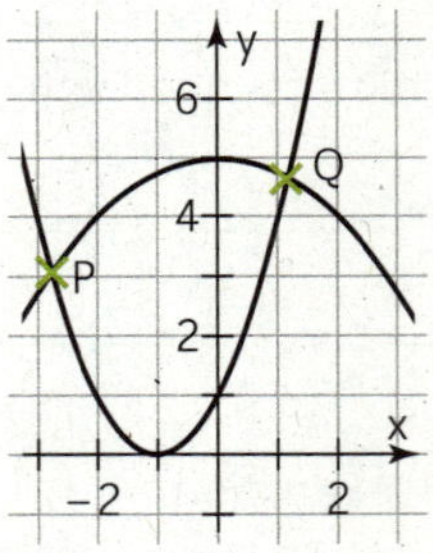

Gleichung: ______

$x_{1,2}$ = ______

x_1 = ______ x_2 = ______

P ______

Q ______

Lösungen: (−3,7 | 0); (−2,8 | 3,1); (−2,4 | −1,2); (−1,8 | 3,3); (−1,2 | 3,7); (−0,9 | −3,5); (−0,3 | 0) ; (0,7 | −1,3); (0,8 | 0,7); (0,9 | 0,4); (1,2 | 4,7); (1,3 | 4); (1,5 | −0,3); (2,2 | 0,3); (4,3 | 2,3); (4,7 | 4)

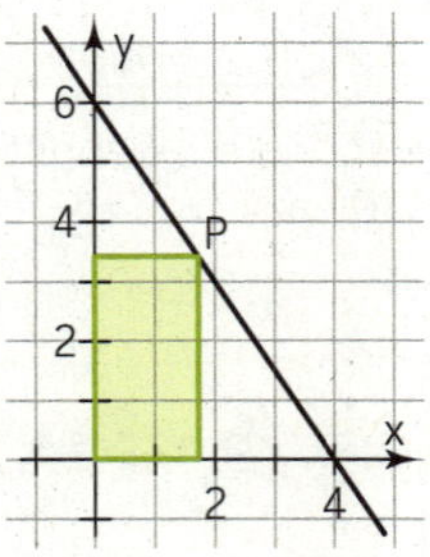

2 a) Wie groß ist der Inhalt der grünen Fläche, wenn P die x-Koordinate 0,8 hat?

______

b) Für welche x-Koordinate von P ist der Inhalt gleich 4,5?

______

c) Für welche x-Koordinate von P ist der Inhalt maximal?

______

Quadratische Gleichungen 6

1 In einem Garten sind Bäume in Reihen angepflanzt.
Wie viele Bäume stehen in einer Reihe, wie viele Reihen sind es?

Anzahl der Reihen: x

Anzahl der Bäume in einer Reihe: ____________________

Gleichung: ____________________

Lösung: Anzahl der Reihen: __________

Bäume je Reihe: __________

2 Ein rechteckiger Garten hat eine Fläche von $180\,m^2$. Zum Einzäunen braucht man 20 Pfosten, die im Abstand von 2 m aufgestellt werden. Der erste und der letzte Pfosten stehen direkt an der Hauswand.
Wie lang und wie breit ist der Garten?

Länge des Zauns: ____________________

Flächeninhalt: ____________________

Gleichung: ____________________

Lösung: __________ Länge: __________ Breite: __________

3 Die Zehnerziffer einer zweistelligen Zahl ist um 4 größer als ihre Einerziffer. Multipliziert man die Zahl mit ihrer Quersumme, so erhält man 730. Wie heißt die Zahl?

Zehnerziffer: x Einerziffer: __________ Zahl: __________

Quersumme: ____________________ Gleichung: ____________________

Lösung: ____________________ Zahl: ____________________

4 Ein 20 cm langer Stab soll so geteilt werden, dass sich das kleinere Stück zum größeren so verhält wie das größere zum ganzen Stab.
Wie lang ist das größere Stück?

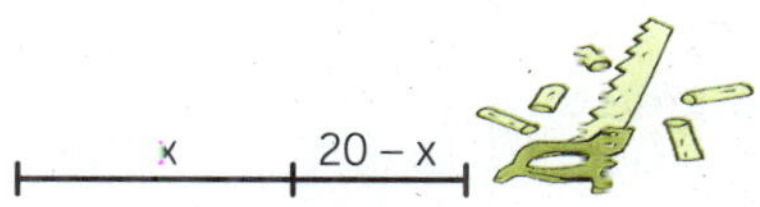

Verhältnisgleichung: ____________________

Quadratische Gleichung: ____________________ Lösung: ____________________

5 König Quadratus wohnt in einem riesigen Palast mit quadratischem Grundriss. In der Mitte jeder Seite ist ein Tor. 20 m vor dem Nordtor steht eine alte Eiche. Geht man aus dem Südtor 14 m nach Süden und dann 1775 m nach Westen, kann man die Eiche sehen.
Wie breit ist der Palast?

Gleichung: ____________________

Lösung: ____________________

Schnittpunkte mit den Achsen

1 Fußballkurve

Ein liegender Fußball wird 30 m weit geschossen, dabei erreicht er eine maximale Höhe von 10 m. Welche Bilder passen zur Situation?

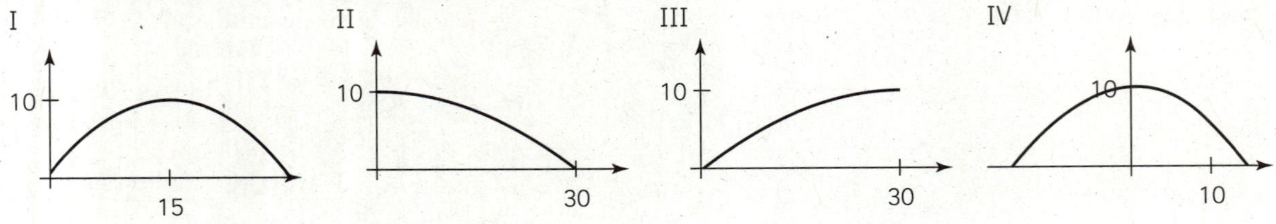

2 Flugkurve

Was bedeuten die Schnittpunkte mit der x-Achse im dargestellten Flug?

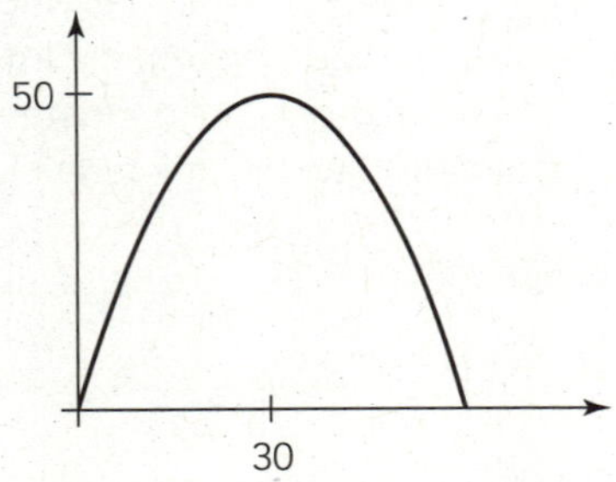

3 Wasserstrahl

Ein Wasserstrahl spritzt 40 m weit und erreicht eine Höhe von 20 m. Mit welcher quadratischen Funktion kann man den Wasserstrahl beschreiben?

I	$f(x) = x(x - 40)$	II	$g(x) = -x(x - 40)$
III	$h(x) = -0{,}05x^2 + 2x$	IV	$k(x) = 0{,}2x^2 + 40x + 20$

4 Kugelstoß

Die Flugbahn einer Kugel wird durch die Gleichung $k(x) = -0{,}2x^2 + x + 1{,}95$ beschrieben. Dabei bezeichnet x die horizontale Entfernung vom Abstoßpunkt und k die Höhe über dem Boden in Metern.

a) Skizziere die Bahn der Kugel.

b) Welche Bedeutung hat k(0)?

c) In welcher Höhe wird die Kugel abgestoßen?

d) Wie weit fliegt die Kugel?

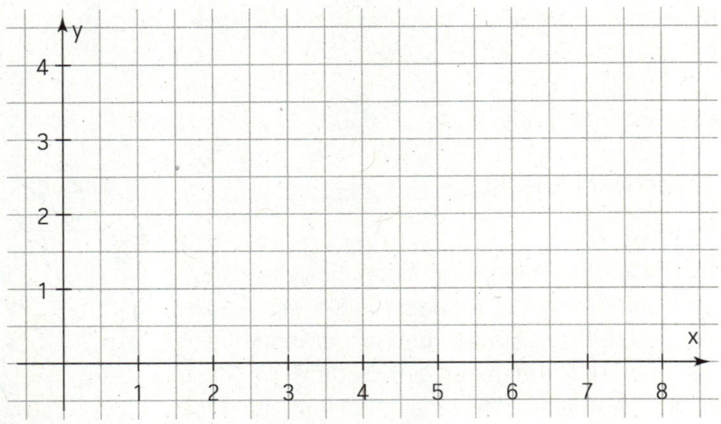

Wurzelfunktionen und Wurzelgleichungen

1 Welcher Graph gehört zu welchem Funktionsterm? Ordne zu.

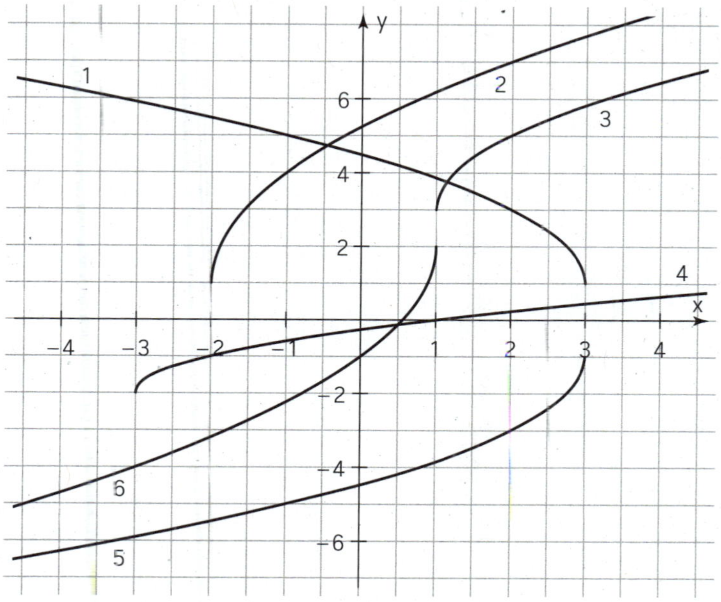

a) $2\sqrt{x-1}+3$

b) $3\sqrt{x+2}+1$

c) $-2\sqrt{3-x}-1$

d) $-3\sqrt{1-x}+2$

e) $2\sqrt{3-x}+1$

f) $\sqrt{x+3}-2$

1	
2	
3	
4	
5	
6	

2 Bestimme die Definitionsmenge.

a) $f(x)=2\sqrt{x-3}+1$

b) $f(x)=3\sqrt{2x+4}-3$

c) $f(x)=4\sqrt{6-3x}+2$

d) $f(x)=5\sqrt{3+x^2}$

3 Löse die Wurzelgleichungen.

a) $3+\sqrt{3x-9}=x$

b) $\sqrt{x-2}+14=x$

c) $\sqrt{x+1}-0{,}25x-1=0$

d) $x=3\sqrt{3-x}+3$

e) $x=-3+\sqrt{12x+9}$

f) $\sqrt{x-3}=9+\sqrt{6+x}$

Umfang von Kreisen

1 Ein rundes Planschbecken hat außen einen Umfang von 20 m. Die Wände sind ca. 25 cm dick. Wie groß ist der Innendurchmesser des Beckens?

2

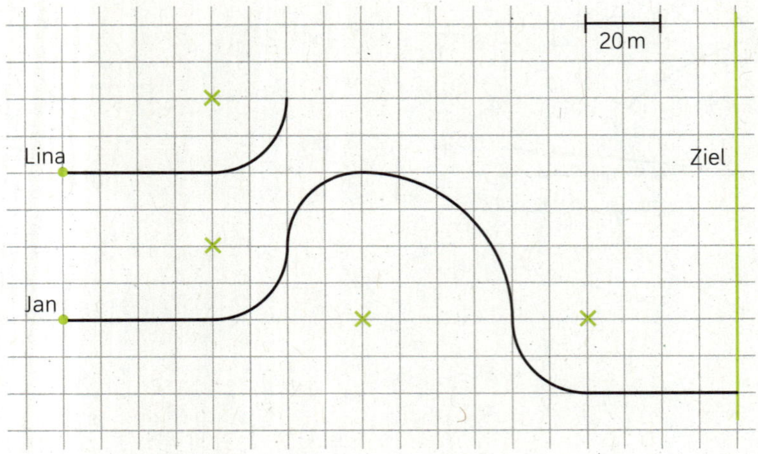

Bei einem Seifenkistenrennen fahren Lina und Jan nebeneinander die gleiche Strecke.

a) Zeichne den Weg von Lina.

b) Berechne die Streckenlänge, die die Kinder fahren.

3 Auf einer Party will Frederic seine 20 Gäste mit einem Begrüßungscocktail verwöhnen. Dazu gehört auch ein bunter Zuckerrand an jedem Glas. Wie viel „Partyzucker" braucht Frederic, wenn seine Gläser einen Durchmesser von 9 cm haben und man pro Zentimeter Glasrand 0,5 g Zucker benötigt?

4 Maja spielt mit zwei Bierdeckeln (d = 103 mm). Dabei lässt sie einen fest liegen und rollt den anderen Kante an Kante außen herum.

a) Welchen Weg legt der Mittelpunkt auf einer Umrundung zurück?

b) Wie groß müsste der Radius der Bierdeckel mindestens sein, damit der Mittelpunkt beim Umkreisen einen Weg von 50 cm zurücklegt?

5 Wie groß ist der Radius eines Kreises, der den gleichen Umfang hat wie die abgebildete Figur?

a)

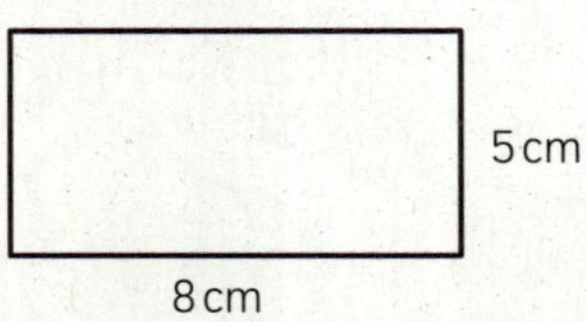

b)

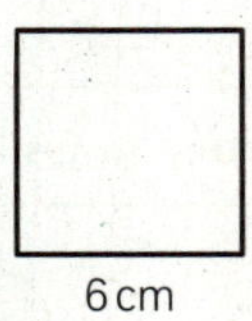

c)

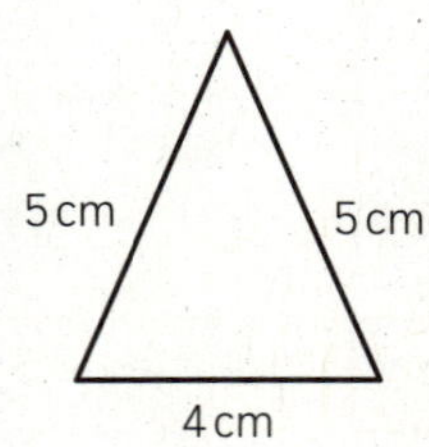

Umfang und Flächeninhalt von Kreisen 1

1 Bestimme die fehlenden Größen. Runde, wenn nötig, auf eine Stelle nach dem Komma.

a)

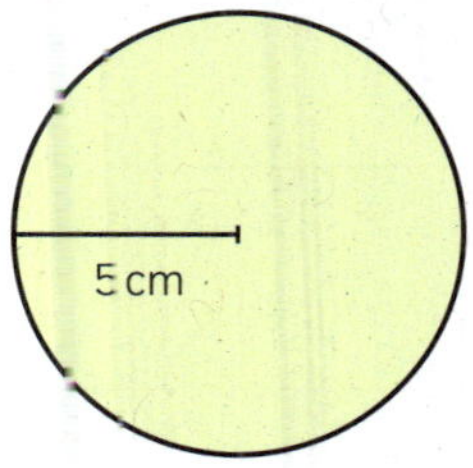

d = ____________

A = ____________

U = ____________

b)

r	d	A	U
2 cm			
	7 cm		
		20 cm²	
			20 cm

2 Im Baumarkt sieht Frau Glaser zwei Gartentische, die ihr gut gefallen: Einen runden mit einem Durchmesser von 70 cm und einen rechteckigen mit den Maßen 1,60 m · 0,90 m.
Welcher Tisch bietet mehr Stellfläche?

____

3 Die deutsche Silber-Gedenkmünze zur Leichtathletik-WM 2009 hat einen Durchmesser von 32,5 mm und wiegt 18 g. Wie groß sind ihr Flächeninhalt und ihr Umfang?

____

4 Wie ändert sich der Flächeninhalt eines Kreises, wenn man

a) seinen Radius verdoppelt? ____________

b) seinen Durchmesser halbiert? ____________

Wie ändert sich der Flächeninhalt eines Kreises, wenn man seinen Umfang

c) verdreifacht? ____________

d) halbiert? ____________

Wie ändert sich der Umfang eines Kreises, wenn man seinen Flächeninhalt

e) vervierfacht? ____________

f) verneunfacht? ____________

5 Familie Pieh hat eine runde Küchenuhr.

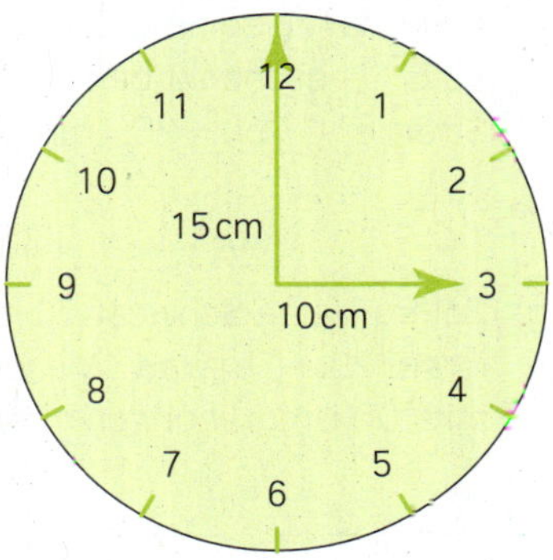

a) Welchen Flächeninhalt hat das Ziffernblatt?

____

b) Welchen Weg legt die Spitze des großen Zeigers pro Stunde zurück?

____

c) Welchen Weg legt die Spitze des kleinen Zeigers pro Tag zurück?

____

Umfang und Flächeninhalt von Kreisen 2

1 a) Ein Schaf ist auf einer Wiese an einer 6 m langen Leine an einem Holzpflock angebunden. Auf wie viel Quadratmeter Wiese kann es weiden?

b) Wie lang müsste die Leine sein, damit es auf ca. 200 m^2 weiden kann?

2

Ein Baum mit einem Stammumfang von 7,30 m wird gefällt. Wie groß ist die Schnittfläche?

Beim Fällen eines Baumes entsteht eine 18,5 m^2 große kreisförmige Schnittfläche. Welchen Durchmesser hat der Baumstamm?

Der „Riese von Isenack" ist die vermutlich älteste Eiche Europas. Knapp über dem Boden ist der Umfang 17,70 m, in einem Meter Höhe sind es 12 m. Wie groß ist jeweils der Durchmesser des „Riesen"?

über dem Boden: ______

in 1 m Höhe: ______

3 Mit einem Bindfaden kann Justus ein Quadrat mit der Kantenlänge 4 cm genau umspannen.

a) Welchen Radius hat ein Kreis, den er mit demselben Faden umspannen kann?

b) Um wie viel Prozent ist der Flächeninhalt dieses Kreises größer als der des Quadrats?

4 Ein Kreis hat den gleichen Flächeninhalt wie ein Quadrat mit der Kantenlänge 5 dm.

Schätze zunächst: Welche Figur hat den größeren Umfang? ______
Überprüfe deine Vermutung durch Rechnung.

5 a) Peter hat zu seinem Geburtstag ein neues 26er-Fahrrad (d. h. der Durchmesser eines Reifens beträgt 26 Zoll) geschenkt bekommen. Wie viele Umdrehungen machen die Räder auf einer 100 m langen Strecke? (1 Zoll = 25,4 mm)

b) Peters kleine Schwester Lisa fährt mit ihrem 20er-Fahrrad. Wie weit kommt sie mit 100 Umdrehungen ihrer Räder?

Umfang und Flächeninhalt von Figuren

1 Berechne den Umfang und Flächeninhalt der Figuren.

a)

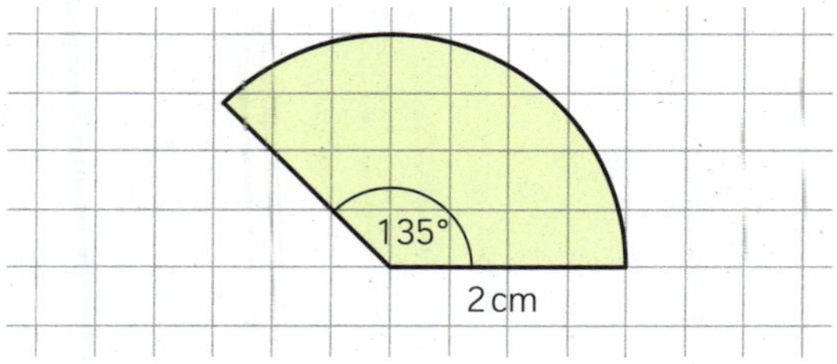

A =

U =

b)

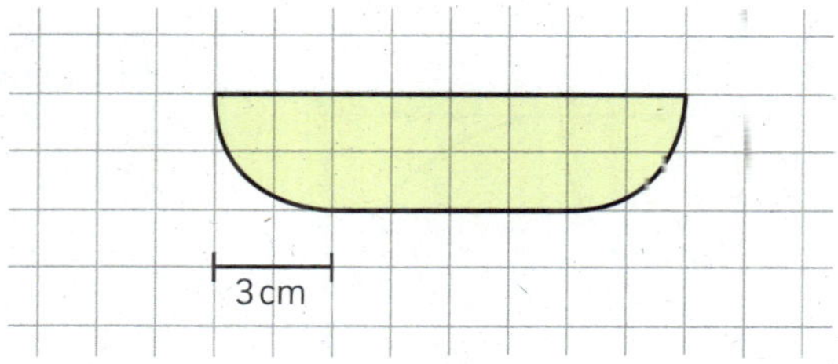

A =

U =

c)

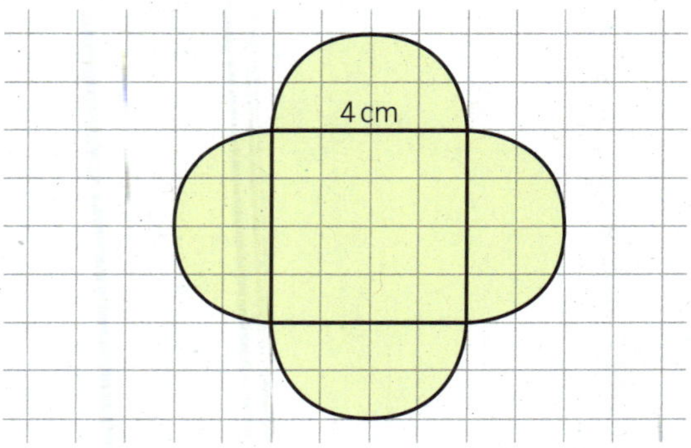

A =

U =

d)

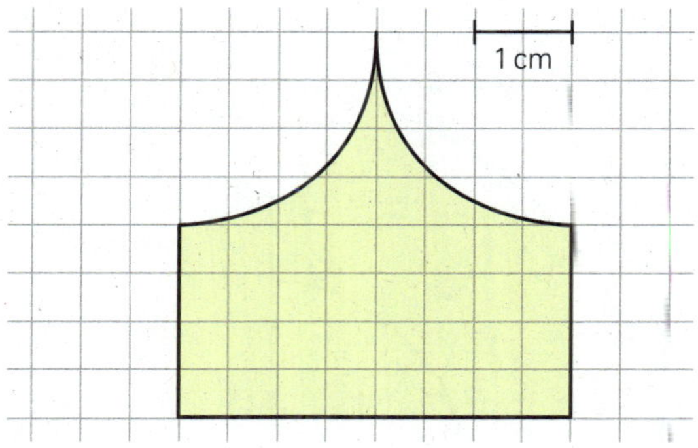

A =

U =

e)

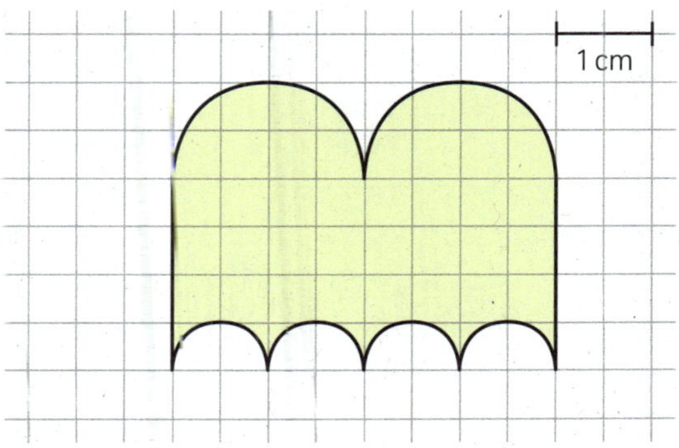

A =

U =

f)

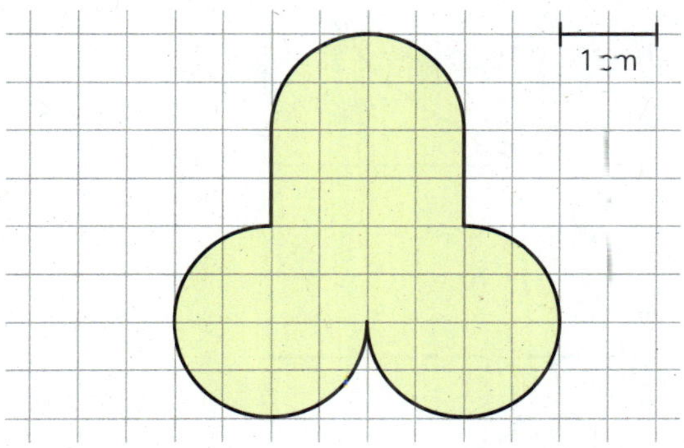

A =

U =

Flächeninhalt von Figuren 1

1 Welcher Anteil des Quadrats ist gefärbt? Schätze zunächst und berechne dann.

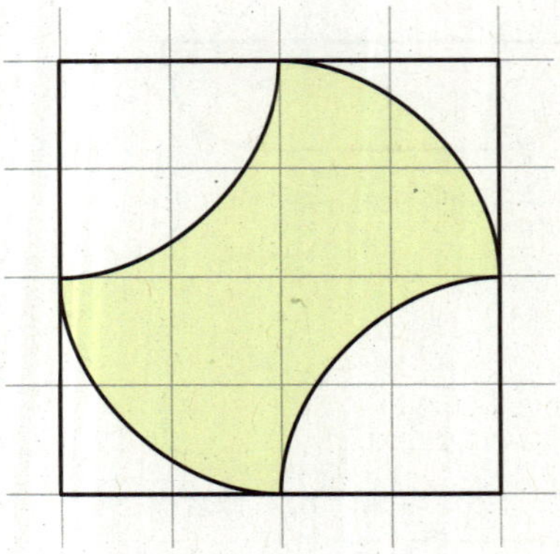

a) Schätzung: ________ %

Rechnung: ________________

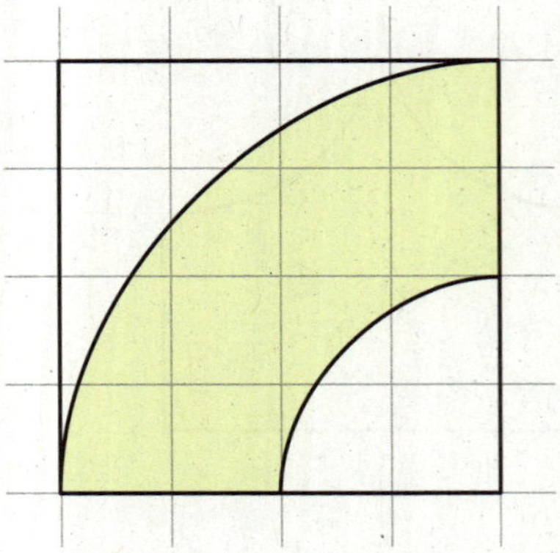

b) Schätzung: ________ %

Rechnung: ________________

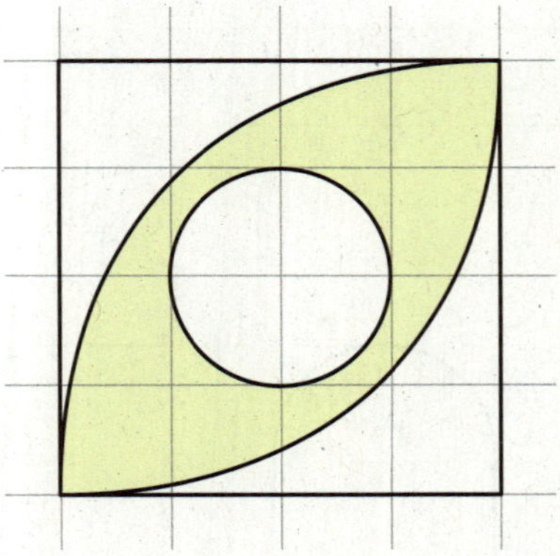

c) Schätzung: ________ %

Rechnung: ________________

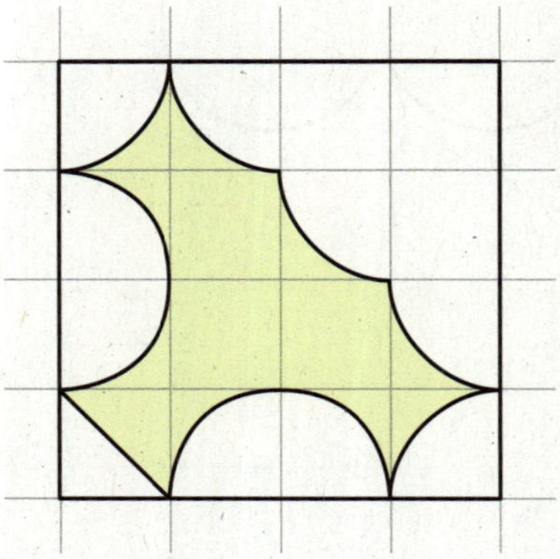

d) Schätzung: ________ %

Rechnung: ________________

Flächeninhalt von Figuren 2

1 Berechne den Inhalt und den Umfang der gefärbten Fläche.

a)

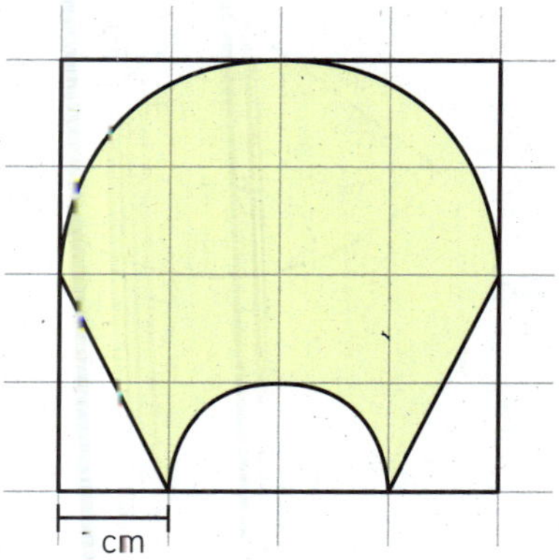

A =

U =

b)

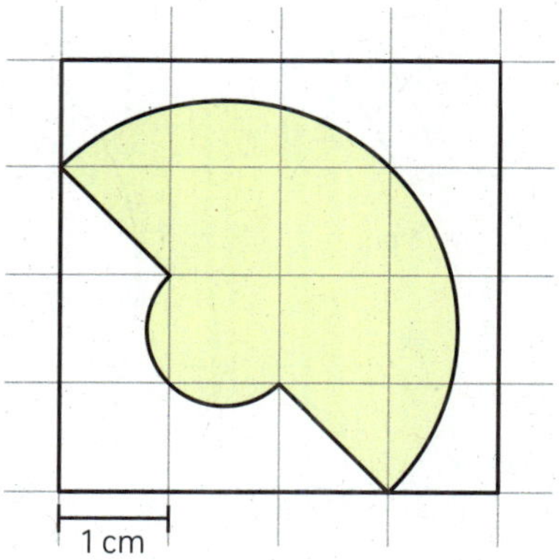

A =

U =

c)

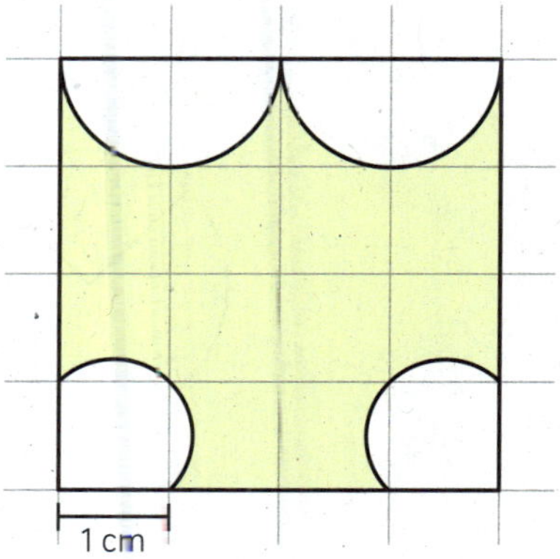

A =

U =

d)

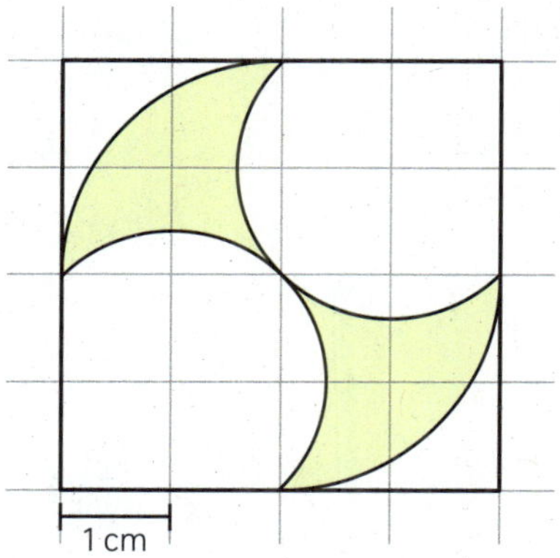

A_I =

U =

2 Welcher Anteil des Quadrats ist gefärbt?

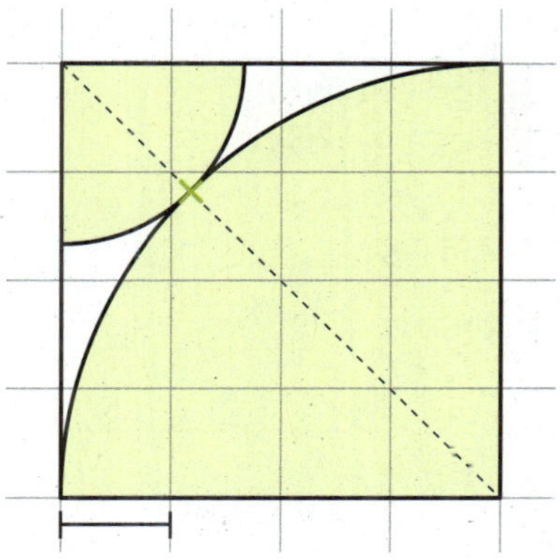

Kreisteile

1 Bestimme Umfang und Flächeninhalt der grünen Fläche.

a)

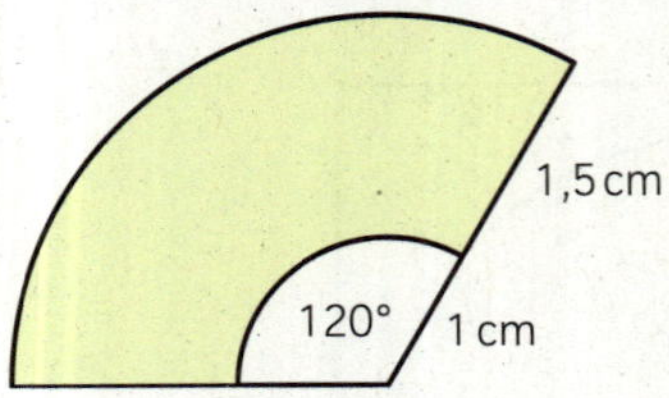

b)

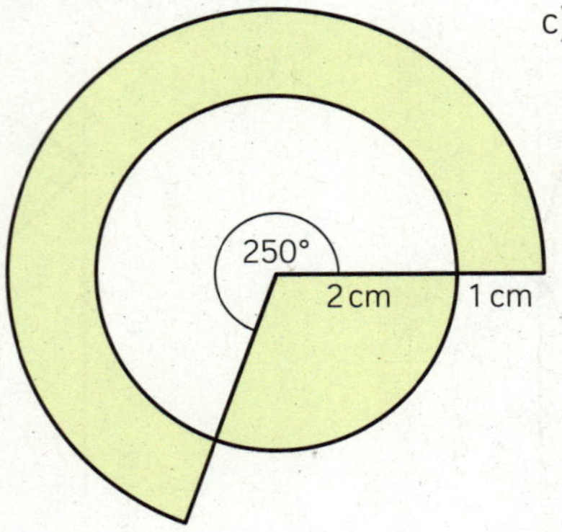

c)

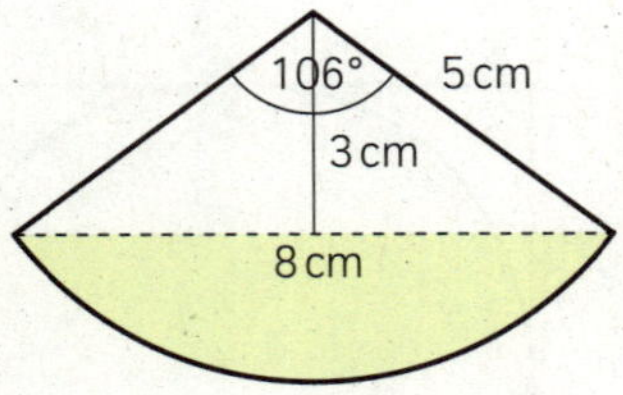

U = ______________________

A = ______________________

U = ______________________

A = ______________________

U = ______________________

A = ______________________

2 Berechne die fehlenden Größen eines Kreisausschnitts mit Radius r, Mittelpunktswinkel α und Bogenlänge b.

	a)	b)	c)	d)	e)
r	10 cm	8 cm	9,2 cm		
α	50°			260°	
b		4,7 cm		40 cm	20 cm
A			81,6 cm²		60 cm²

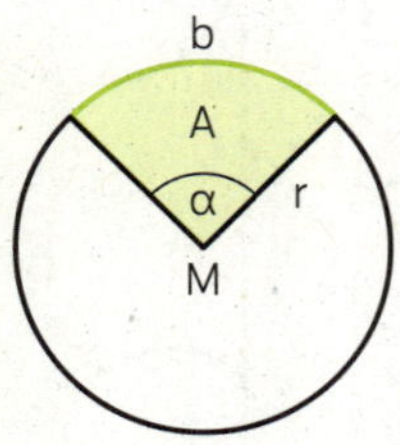

3 Ein Kreis hat einen Radius von 7 cm. Wie groß ist der Mittelpunktswinkel zu wählen, damit die Bogenlänge des Kreisausschnitts

a) dreimal so groß ist wie der Radius? ______________________

b) ein Viertel des Durchmessers des Kreises beträgt? ______________________

c) genau so lang ist wie die Bogenlänge eines Halbkreises über einer 9,5 cm langen Strecke?

____

4 Welcher Bogen ist am längsten? Schätze zunächst und überprüfe dann durch Rechnung.

A	r = 20 cm α = 200°	**B**	r = 12 cm α = 300°	**C**	r = 2,5 dm α = 125°

Schätzung: __________ < __________ < __________

Rechnung: A: ______________________

B: ______________________

C: ______________________

Winkelfunktionen am rechtwinkligen Dreieck 1

1 Berechne die fehlenden Größen des rechtwinkligen Dreiecks ABC.

	a	b	c	α	β	γ
a)	8,0 cm			34°		90°
b)		3,0 cm	12,0 cm	90°		

2 Berechne die fehlenden Größen des rechtwinkligen Dreiecks ABC. (rechter Winkel bei C)

a	b	c	p	q	h	α	β
				7,0 cm		40°	

3 Berechne die fehlenden Größen beim Dreieck DEF.

d	e	f	u	v	w	ε	δ
4 cm							35°

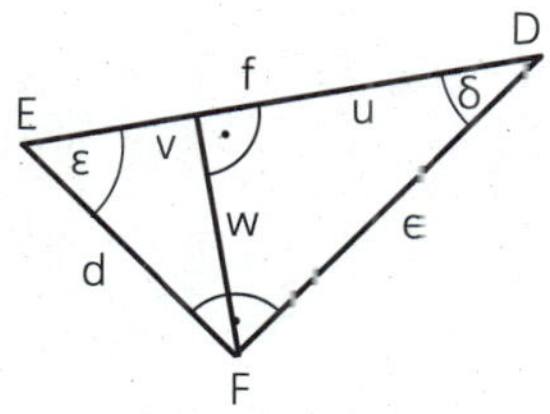

4 Alle Ecken liegen auf Gitterpunkten. Berechne die Winkelgrößen.

a)
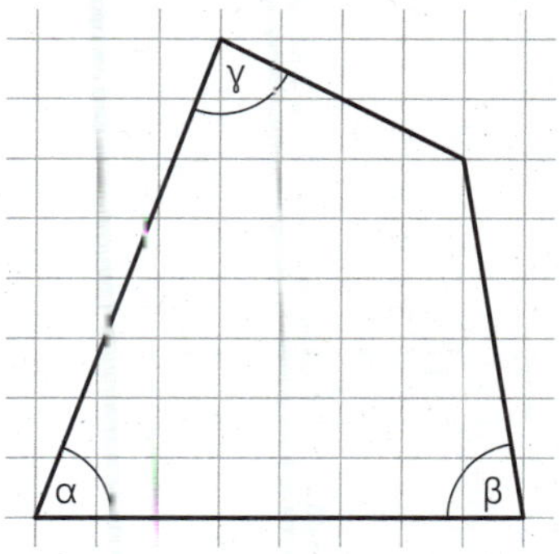

b)
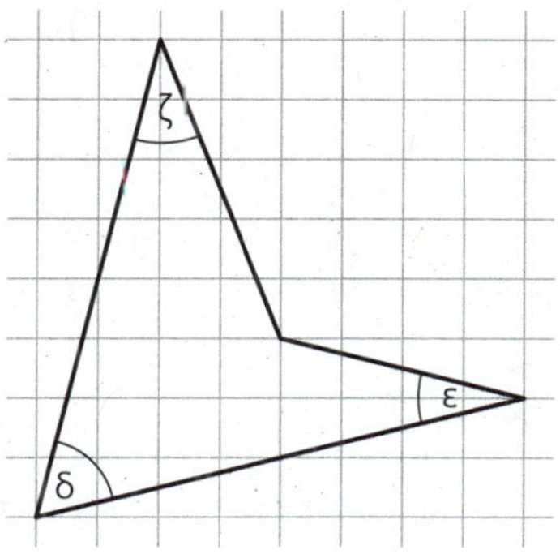

c)
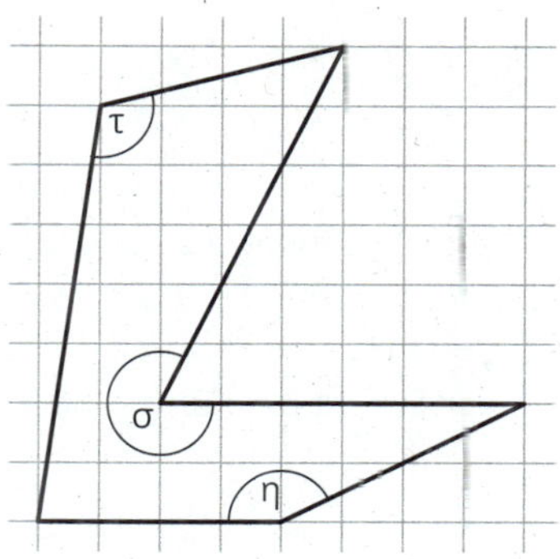

α	β	γ	δ	ε	β	η	σ	τ

5 Die Figuren bestehen aus zwei aneinander gelegten Quadraten. Die markierten Punkte sind Seitenmittelpunkte. Berechne die Winkelgrößen.

a)
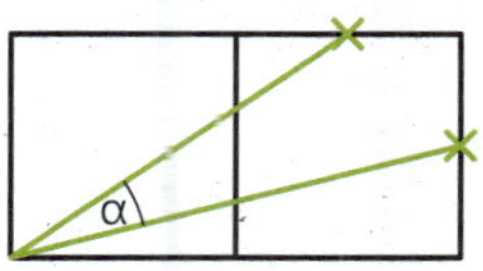

b)
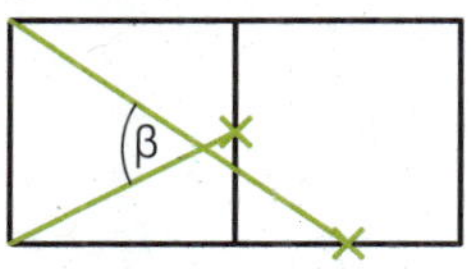

c)
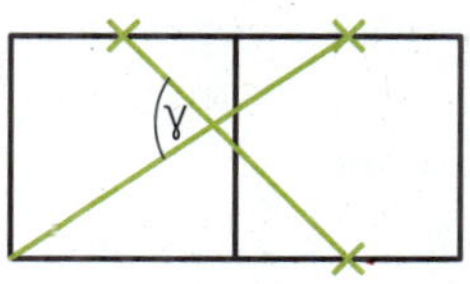

Winkelfunktionen am rechtwinkligen Dreieck 2

1 Berechne die Größe des gekennzeichneten Winkels.

a)

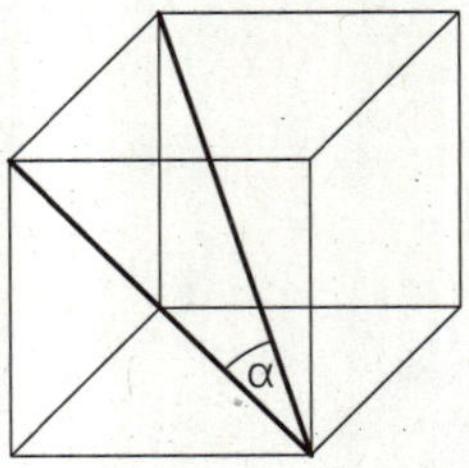

b)

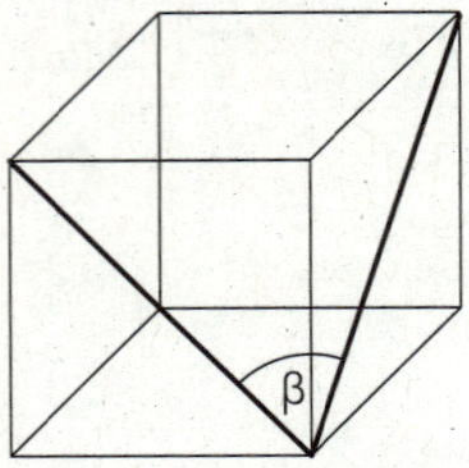

c)

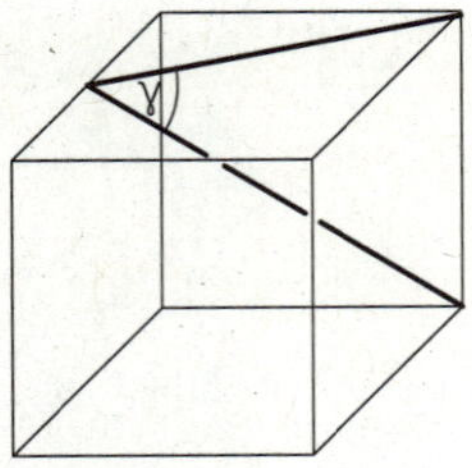

2 Berechne die fehlenden Größen des gleichschenkligen Dreiecks ABC.

	a	c	h_a	h_c
a)		10 cm		12 cm
b)				

	r	α	γ
a)			
b)	6 cm	70°	

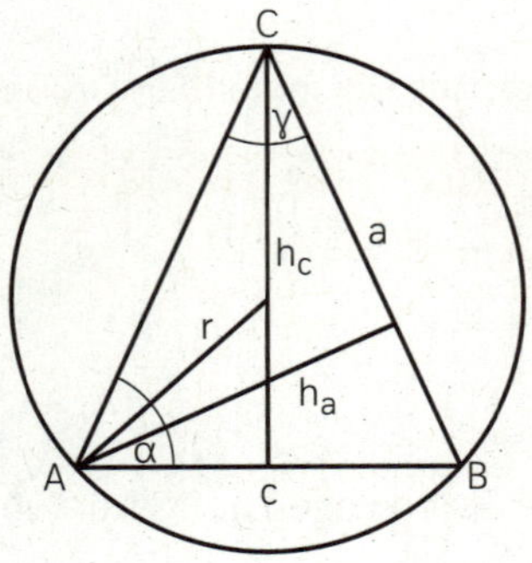

3 Aus dem Fenster eines Hauses, das 8 m hoch liegt, sieht man die Spitze und den Fußpunkt eines Kirchturms unter dem Winkel $\alpha = 18°$ bzw. $\beta = 11°$.
Wie hoch ist der Turm, und wie weit ist er entfernt?

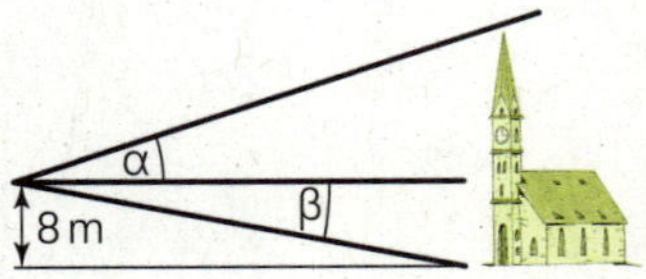

4 Ein Wanderer im Gebirge entnimmt der Informationstafel am Aussichtspunkt, dass er sich 40 m über dem See befindet und die gegenüberliegende Felswand 220 m aus dem Wasser ragt. Oben auf dem Felsen steht ein Aussichtsturm, dessen Fußpunkt und dessen Spitze der Wanderer unter den Winkeln $\alpha = 20°$ bzw. $\beta = 22°$ sieht.
Wie hoch ist der Turm, und wie weit ist die Felswand entfernt?

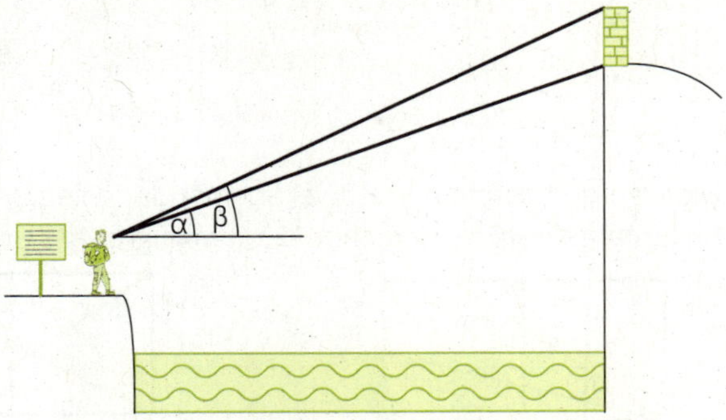

5 Um die Höhe eines Baumes zu bestimmen, misst Tom in Punkt A den Winkel $\alpha = 20°$. Dann geht er 20 m auf den Baum zu und misst in B den Winkel $\beta = 32°$.
Wie hoch ist der Baum?

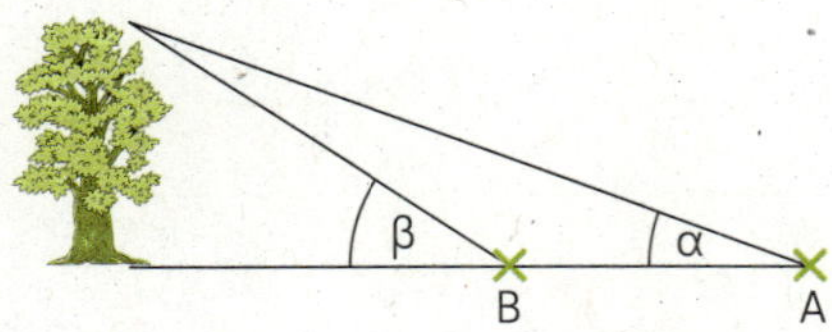

Winkelfunktionen am rechtwinkligen Dreieck 3

1 Auf der Erdoberfläche wird die Lage eines Ortes durch seine geografische Länge und seine geografische Breite (β) angegeben. Der Erdradius beträgt 6370 km. Wie lang ist der Breitenkreis durch

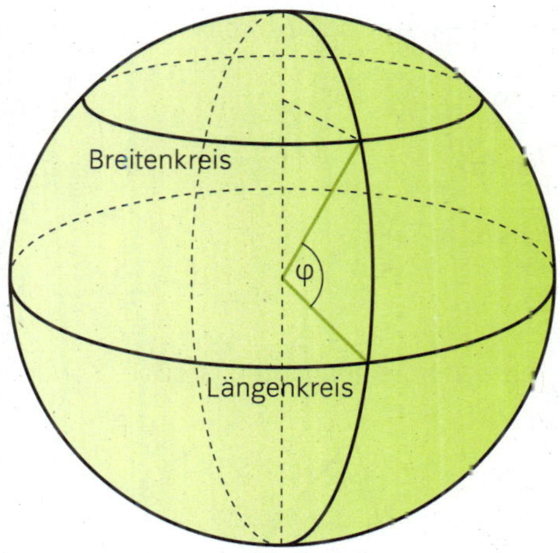

a) Koblenz (β = 50,37°),

b) Braunschweig (β = 52,27°),

c) Kiel (β = 54,33°)?

2 Ein Tischtennisball von 4 cm Durchmesser rollt in einen Trichter mit einem Öffnungswinkel von 70°. Wie weit ist der tiefste Punkt des Balles, wenn er zur Ruhe gekommen ist, von der Trichterspitze entfernt?

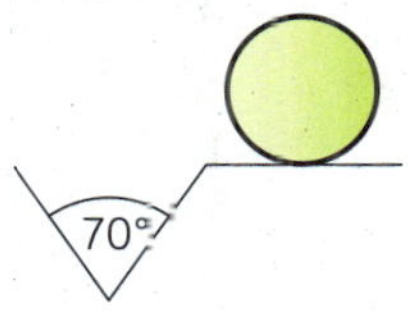

3 Berechne die Längen der Strecken.

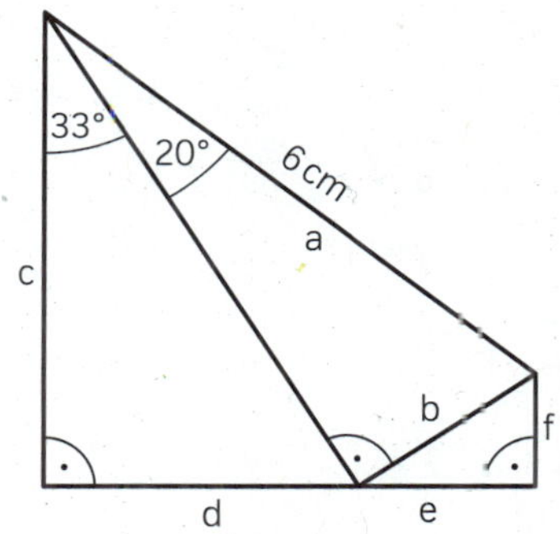

4 Berechne die Längen der Strecken x und y.

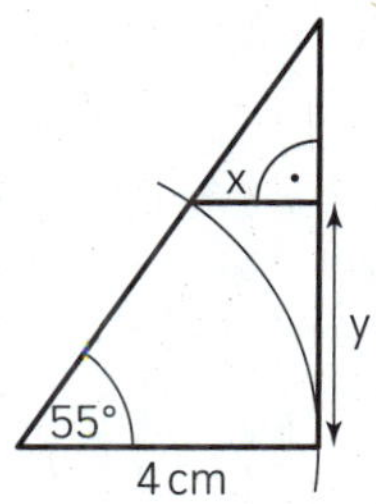

5 Aus dem Kreisausschnitt wird ein Kegel geformt.
Berechne ε.

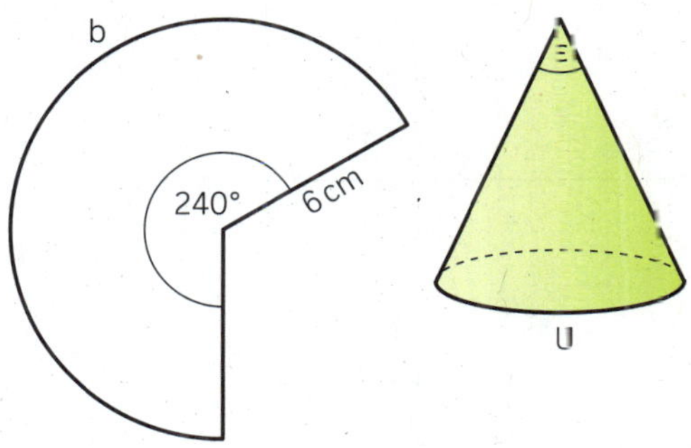

Berechnungen am Dreieck

1 Ergänze die Tabelle (0 < α < 180°). Es kann auch zwei Lösungen geben.

α	24°			135°		
sin (α)		0,7660			0,9397	
cos (α)			0,7660			−0,8660

2 Berechne die gesuchten Größen. Kontrolliere durch Messen.

a)

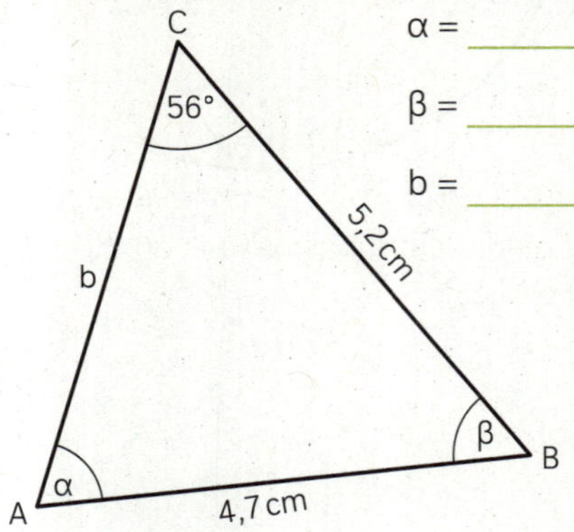

α = ______

β = ______

b = ______

b)

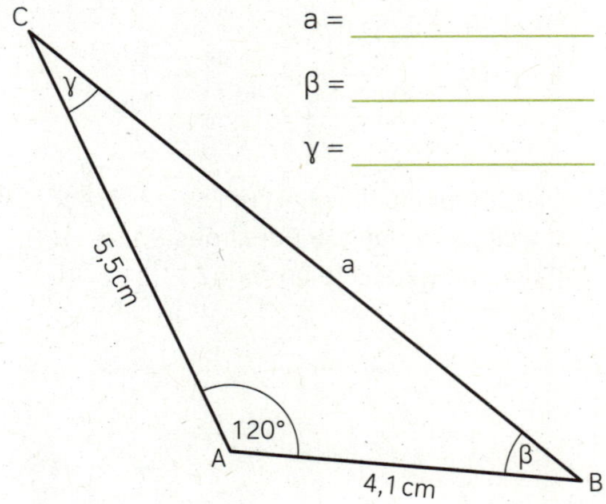

a = ______

β = ______

γ = ______

3 Berechne die fehlenden Größen beim Dreieck ABC. Bei einer Aufgabe gibt es zwei Lösungen.

	a	b	c	α	β	γ
a)	7	15			75°	
b)	12				112°	38°
c)	8	10	12			
d)		13	9	78°		
e)	15		12			49°

4 Trage die Punkte in das Koordinatensystem ein und berechne alle Seiten und Winkel des Dreiecks ABC. Kontrolliere durch Messen.

a) A(−2,5|−2), B(3|−0,5), C(−1|2,5)

b) A(−0,5|−3), B(2,5|−2), C(2|3)

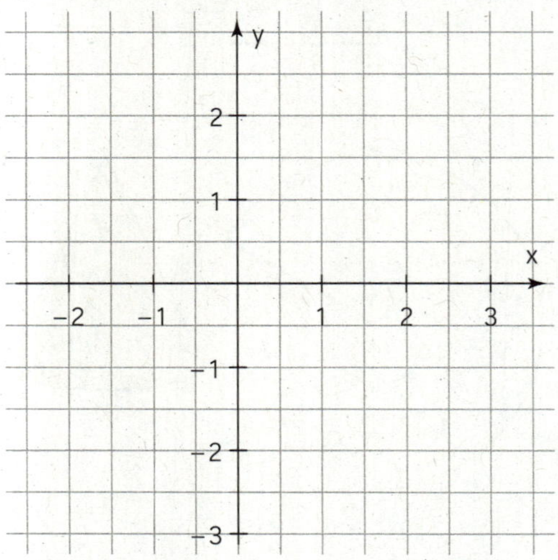

a)

a	b	c	α	β	γ

b)

a	b	c	α	β	γ

Berechnungen an Figuren und Körpern

1 a) A(−7|−7); B(6|−6); C(7|−3); D(−6|−4); b) E(−5|−1); F(7|−2); G(−1|7); H(−7|5); c) K(−3|−7); L(7|3); M(3|5); N(−2|0)

Durch die Punkte sind drei Vierecke gegeben. Trage die Punkte in das Koordinatensystem ein und zeichne die Vierecke. Um welche Vierecke handelt es sich? Berechne bei allen die Länge der Seiten und Diagonalen und die Größe der Innenwinkel.

Art der Vierecke: a) ______ b) ______ c) ______

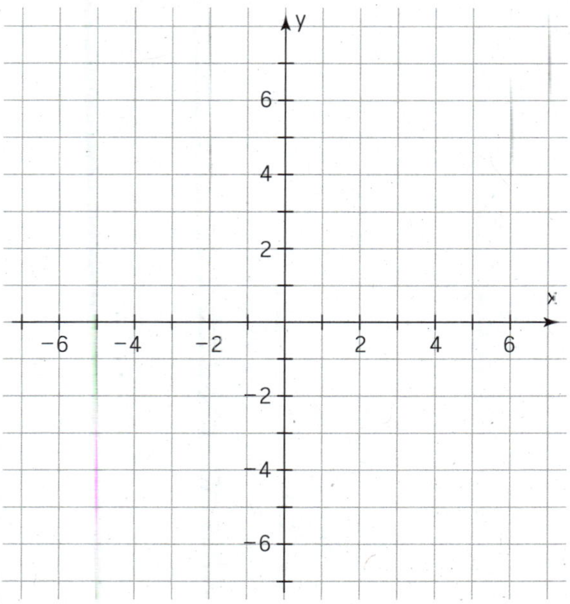

$\overline{AB}$ = ______ $\overline{BC}$ = ______

$\overline{CD}$ = ______ $\overline{DA}$ = ______

$\overline{AC}$ = ______ $\overline{BD}$ = ______

∡BAD = ______ ∡CBA = ______

∡DCB = ______ ∡ADC = ______

$\overline{EF}$ = ______ $\overline{FG}$ = ______

$\overline{GH}$ = ______ $\overline{HE}$ = ______

$\overline{EG}$ = ______ $\overline{FH}$ = ______

∡FEH = ______ ∡GFE = ______

∡HGF = ______ ∡EHG = ______

$\overline{KL}$ = ______ $\overline{MN}$ = ______ $\overline{KM}$ = ______ ∡LKN = ______ ∡MLK = ______

$\overline{LM}$ = ______ $\overline{NK}$ = ______ $\overline{LN}$ = ______ ∡NML = ______ ∡KNM = ______

2 Ein Prisma ABCDEFGH hat als Grundfläche ein Parallelogramm mit $a = 6\,cm$, $b = 4\,cm$, $h = 3\,cm$ und $\alpha = 40°$. Berechne die Winkel δ, ε und γ zwischen den Flächendiagonalen.

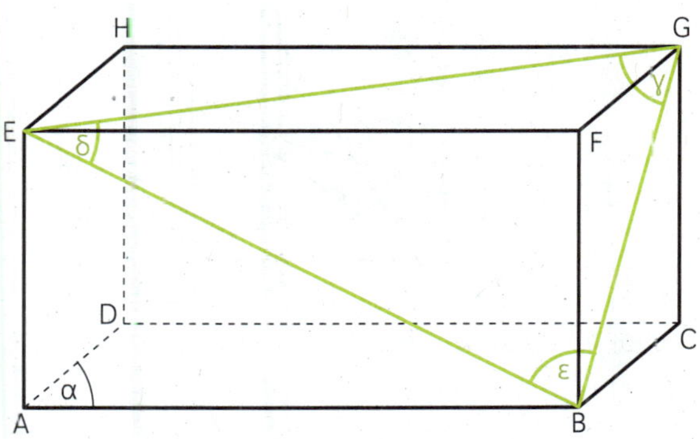

______

Eine Pyramide hat als Grundfläche das Dreieck ABC mit $c = 6\,cm$, $a = 5\,cm$ und $\beta = 110°$. Die Spitze S befindet sich senkrecht über dem Punkt C, wobei $\overline{CS} = h = 4\,cm$ gilt. Berechne die Länge der Seitenkanten $\overline{AC}$, $\overline{AS}$, $\overline{BS}$ und die Innenwinkel des Dreiecks ABS.

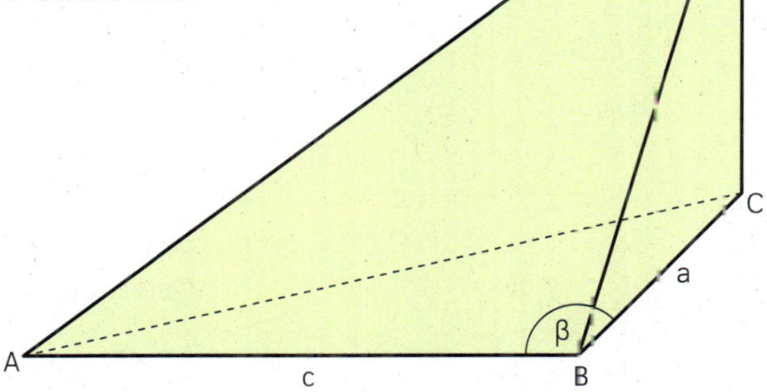

______

Berechnungen im Gelände

1

Die Städte Koblenz und Hannover sind 269,07 km Luftlinie voneinander entfernt, Hannover und Kiel 216,83 km.
Wie weit ist Koblenz von Kiel entfernt, wenn ∡ (Kiel, Hannover, Koblenz) 152,37° beträgt?

2 Um die Entfernung des Turmes T auf der Insel von den Punkten A und B zu bestimmen, misst man die Strecke $\overline{AB} = c = 1673\,\text{m}$ und die Winkel $\alpha = 38{,}8°$ und $\beta = 53{,}4°$.

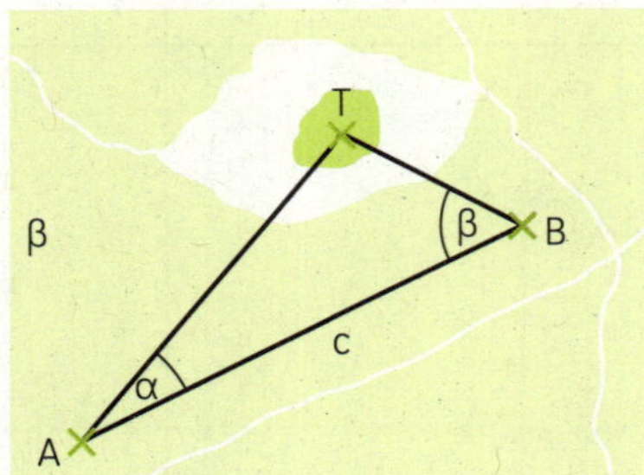

3

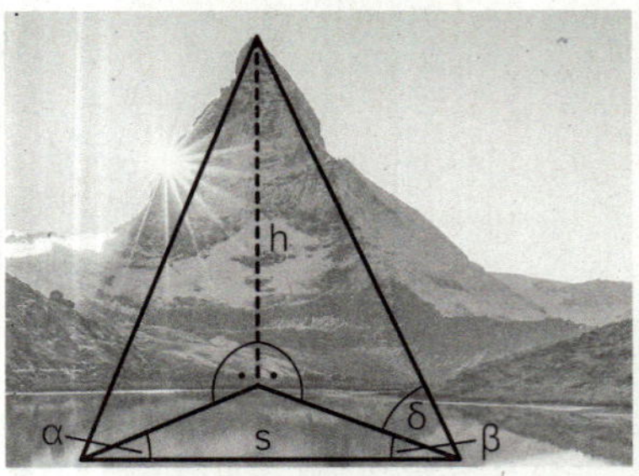

Die waagerechte Standlinie s ist 1415 m lang. Die horizontalen Winkel α und β betragen 51,2° bzw. 42,1° für den Höhenwinkel δ wurde 46,8° gemessen. Wie groß ist h?

4 Welche Entfernung haben P und Q, wenn gilt:
$\overline{AB} = 978{,}3\,\text{m}$; $\alpha = 34{,}2°$; $\beta = 37°$; $\gamma = 48{,}3°$; $\delta = 53{,}1°$?

∡APB = ______ $\overline{AP}$ = ______

∡AQB = ______ $\overline{AQ}$ = ______

$\overline{PQ}$ = ______

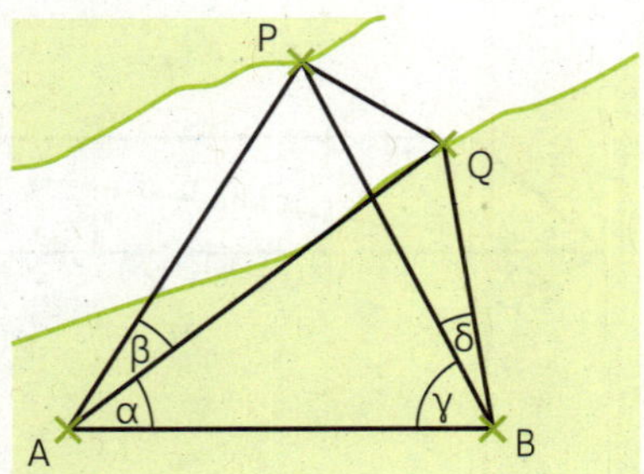

5

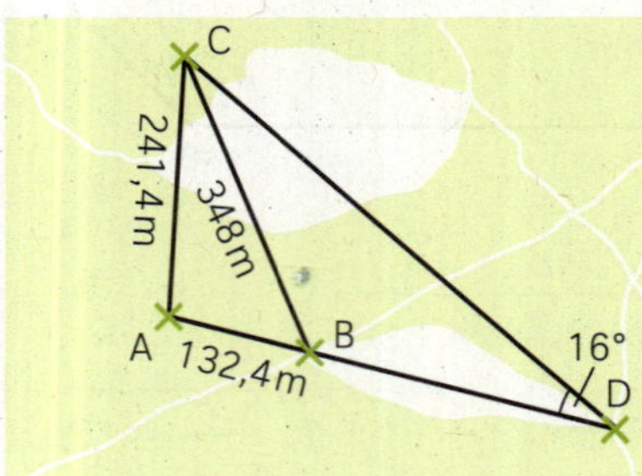

Wie weit sind B und D voneinander entfernt?

Meine ersten Wörter und Sätze
FRANZÖSISCH

von Angela Wilkes
Bilder von John Shackell

arsEdition

Dieses Buch

Eine Reise ins Ausland macht viel mehr Spaß, wenn du verstehst, was die Leute sagen. Eine Sprache zu lernen ist viel einfacher, als du denkst. Mit diesem Buch lernst du Französisch, wie du es jeden Tag brauchen kannst.

Du lernst zu sagen

wer du bist

wo du herkommst

wie viel Uhr es ist

was du magst

wie man nach dem Weg fragt

was du einkaufen willst

Und so funktioniert es:

Comics zeigen dir, was man in bestimmten Situationen sagt. Lies die Texte in den Sprechblasen. Probiere aus, wie viel du verstehst; dann sieh die Wörter nach, die du nicht kennst. Wörter und Ausdrücke werden oft wiederholt. So prägen sie sich dir leichter ein. Das Buch fängt mit ganz einfachen Ausdrücken an und wird gegen Ende schwieriger.

Neue Wörter

Auf jeder Doppelseite findest du einige neue Wörter aufgelistet und deutlich abgesetzt. So kannst du sie beim Weiterlesen leicht finden. Hast du einmal ein Wort vergessen, dann schau einfach in die Wortliste (S. 46–48). Wenn ein Wort mit einem Sternchen gekennzeichnet ist: Siehe unterer Seitenrand.

Sprachregeln

In Kästchen wie diesem wird erklärt, wie französische Wörter und Sätze gebildet werden. Es macht nichts, wenn du nicht alles auf Anhieb verstehst. Alle Sprachformen werden häufig wiederholt. Im Übrigen findest du auf den Seiten 42 und 43 eine Zusammenfassung aller in diesem Buch erwähnten Sprachregeln.

Aussprache

Auf Seite 41 erklären wir anhand von Beispielen, wie das Französische ausgesprochen wird. Dann ein Vorschlag: Höre französische Radioprogramme und Popmusik so oft du kannst.

Übungen

Im ganzen Buch findest du kleine Aufgaben, die dir helfen, dein Französisch zu üben. Auf den Seiten 44 und 45 kannst du überprüfen, ob deine Antworten richtig waren.

Was du sonst noch tun kannst

Schreibe alle neuen Wörter in ein Vokabelheft und lerne jeden Tag ein paar davon. Fünf oder zehn Minuten genügen. Wiederhole die gelernten Wörter ab und zu. Vielleicht kannst du jemanden bitten, dich gelegentlich abzuhören oder, noch besser, mit dir zusammen Französisch zu lernen. Dann könnt ihr miteinander üben. Unterhaltet euch möglichst viel auf Französisch! Keine Angst vor Fehlern!

„Hallo“ und „Auf Wiedersehen“

Zuerst solltest du wissen, wie man sich begrüßt. Auf dieser Doppelseite findest du verschiedene Möglichkeiten.

Wenn du eine Person begrüßt, mit der du nicht sehr gut bekannt bist, so wirst du deinem Gruß ein **Monsieur, Madam** oder **Mademoiselle** hinzufügen, je nachdem, ob es sich um einen Herrn, eine Dame oder ein Fräulein handelt.

Salut!

So begrüßt man seine Freunde.

Dies ist die höflichere Form und bedeutet „Guten Tag“.

So sagt man „Guten Abend“.

„Auf Wiedersehen“

Salut heißt sowohl „Auf Wiedersehen“ als auch „Hallo“

Zwei verschiedene Möglichkeiten, um „Auf bald“ zu sagen.

„Gute Nacht“

Vor dem Schlafengehen sagt man: «**Bonne nuit!**».

Wie gehts?

So begrüßt man jemanden und fragt: wie gehts?

Diese Person sagt gerade, dass es ihr gut geht, danke…

…dieser Mann findet, dass die Dinge nicht zum Besten stehen.

Ça va?

Hier siehst du verschiedene Möglichkeiten, auf die Frage **Ça va?** zu antworten. Was, glaubst du, wird jeder dieser Leute auf dem Bild nebenan antworten, wenn du fragst, wie es ihm geht?

très bien	sehr gut
bien	gut
assez bien	ganz gut
pas très bien	nicht sehr gut
très mal	furchtbar

Wie heißt du?

Möchtest du wissen, wie du dich selbst und deine Freunde vorstellen kannst? Die Comics auf dieser Seite zeigen es. Lies die Texte in den Sprechblasen, dann kannst du die Fragen auf der nächsten Seite beantworten.

Neue Wörter

je	ich
tu	du
il	er
elle	sie
ils	sie (Pl. männl.)
elles	sie (Pl. weibl.)
comment tu t'appelles?	wie heißt du?
comment il/elle s'appelle?	wie heißt er/sie?
comment ils s'appellent?	wie heißen sie?
je m'appelle	ich heiße
il s'appelle	er heißt
elle s'appelle	sie heißt
ils/elles s'appellent	sie heißen
qui c'est?	wer ist das?
c'est	das ist
mon ami	mein Freund
mon amie	meine Freundin
et toi?	und du?
oui	ja
non	nein

Freunde vorstellen

Ils und elles

Im Französischen gibt es zwei Wörter für „sie" (Mehrzahl). Wenn du von Jungen oder Männern sprichst, heißt „sie" **ils,** wenn du Mädchen oder Frauen meinst, so sagst du **elles.**
Wenn du über Jungen und Mädchen, Frauen und Männer gemeinsam sprichst, so heißt „sie" **ils.**

Wie heißen sie?

Kannst du diese Fragen auf Französisch beantworten?

Wer ist wer?

Kannst du die Fragen unter dem Bild beantworten? (Auf Seite 44 stehts.)

Wer spricht mit Jean?
Wer spricht mit Pascale?

Wer heißt Michel?
Wer spricht mit ihm?

Wer heißt Anne?
Wer geht nach Hause?

Erinnerst du dich?

Wie würdest du jemanden nach seinem Namen fragen?
Wie würdest du dich selber vorstellen?

Du hast eine Freundin mit Namen Pascale.
Wie würdest du sie jemand anderen vorstellen?
Wie würdest du einer anderen Person sagen, dass dein Freund Daniel heißt? (s. S. 44)

Wie die Dinge heißen

Alle Gegenstände auf diesem Bild sind mit ihrem Namen bezeichnet. Versuche diese Wörter zu lernen. Auf der folgenden Seite kannst du dich überprüfen.

Le- und la-Wörter

Französische Hauptwörter sind maskulin (männlich) oder feminin (weiblich); die entsprechenden Artikel sind **le** („der") und **la** („die"). Von Wörtern, die mit einem Vokal beginnen (a, e, i, o, u), verkürzen sich **le** und **la** zu **l'**. Ein französisches Wort für „das" gibt es nicht.
„Ein" oder „eine" heißt **un** vor **le**-Wörtern bzw. **une** vor **la**-Wörtern.

le soleil	die Sonne	**le nid**	das Nest	**la fenêtre**	das Fenster
l'arbre (m)	der Baum	**l'oiseau (m)**	der Vogel	**la porte**	die Tür
le toit	das Dach	**le garage**	die Garage	**la fleur**	die Blume
le chat	die Katze	**la maison**	das Haus	**la voiture**	das Auto
le chien	der Hund	**la cheminée**	der Schornstein	**la barrière**	der Zaun

Namen und Wörter erfragen

Es macht nichts, wenn dir einmal ein französisches Wort fehlt. Du kannst ja fragen. Hier ist eine kleine Liste mit nützlichen Sätzen, die dir dabei helfen werden. Wie man sie anwendet, zeigen die Bilder.

qu'est-ce que c'est?	was ist das?
c'est	das ist …
aussi	auch
en français	auf Französisch
en allemand	auf Deutsch

Erinnerst du dich?

Decke die gegenüberliegende Seite zu. Wie heißen diese Dinge auf Französisch? Vergiss nicht, dazuzusagen, ob es **le-** oder **la-**Wörter sind. (s. S. 44)

Woher kommst du?

Hier steht, wie man Leute danach fragt, woher sie kommen und ob sie Französisch sprechen.

Neue Wörter

tu viens d'où?	wo kommst du her?
je viens de*...	ich komme aus ...
tu habites où?	wo wohnst du?
j'habite ...	ich wohne ...
tu parles ...?	sprichst du ...?
je parle ...	ich spreche ...
un petit peu	ein bisschen
français	französisch
anglais	englisch
allemand	deutsch
voici	hier ist/sind
nous	wir
vous	ihr

Länder

la Suisse	Schweiz
l'Allemagne (f)	Deutschland
l'Angleterre (f)	England
la France	Frankreich
les Indes (f)	Indien
l'Ecosse (f)	Schottland
l'Autriche (f)	Österreich
l'Espagne	Spanien
la Hongrie	Ungarn

Sprichst du Französisch?

*__de__ („aus", „von") verkürzt sich vor Wörtern mit einem Vokal als Anlaut zu **d': Je viens d'Espagne**.

Wer kommt woher?

Hier siehst du die Teilnehmer eines internationalen Tanzturniers. Der Ansager spricht nur Deutsch. Deshalb ist ihm entgangen, wo die Teilnehmer herkommen. Kannst du ihm helfen? Seine Fragen stehen unter den Bildern. (Die Antworten findest du auf Seite 44.)

Woher kommt Franz?
Wie heißen die indischen Teilnehmer?
Ist Lolita Italienerin oder Spanierin?
Gibt es einen schottischen Bewerber?
Woher sind Marie und Pierre?
Wer lebt in Budapest? Wo liegt Budapest?

Verben*	**parler**	sprechen	**venir**	kommen
Auch französische Verben verändern sich entsprechend der Person, die etwas tut. Die meisten Verben, die auf **-er** und **-ir** enden, ändern sich nach demselben Schema:	**je parle** **tu parles** **il/elle parle** **nous parlons** **vous parlez** **ils/elles parlent**	ich spreche du sprichst er/sie/es spricht wir sprechen ihr sprecht sie sprechen	**je viens** **tu viens** **il/elle vient** **nous venons** **vous venez** **ils/elles viennent**	ich komme du kommst er/sie/es kommt wir kommen ihr kommt sie kommen

Erinnerst du dich?

Wie fragst du jemanden, woher er kommt?
Kannst du sagen, woher du kommst?
Wie sagst du, dass du Französisch sprichst?
Wie fragst du jemanden, ob er Französisch spricht?

*Über Verben findest du mehr auf den Seiten 42–43.

Mehr über dich selbst

Jetzt kommen die wichtigsten Zahlen.
Übrigens: Dein Alter gibst du an, indem du feststellst, wie viele Jahre du „hast“. Bist du 10 Jahre alt, so sagst du: **J'ai dix ans.**

Wie alt bist du?

Hast du Geschwister?

Neue Wörter

Quel âge as-tu?	Wie alt bist du?
J'ai cinq ans.	Ich bin fünf Jahre alt.
As-tu ...?	Hast du ...?
j'ai	ich habe
je n'ai pas de	ich habe nicht
des	einige, mehrere
la frère	der Bruder
la sœur	die Schwester
presque	beinahe, fast
ni	(weder) ... noch
mais	aber

Mehrzahl (Plural)

Den meisten französischen Hauptwörtern hängst du ein **-s** an, wenn du ihre Mehrzahlform brauchst. Das **s** wird aber nicht ausgesprochen! Ausnahmen findest du in der Wortliste. Der Pluralartikel für alle Hauptwörter lautet **les.**

Zahlen*

1 un/une	**11 onze**
2 deux	**12 douze**
3 trois	**13 treize**
4 quatre	**14 quatorze**
5 cinq	**15 quinze**
6 six	**16 seize**
7 sept	**17 dix-sept**
8 huit	**18 dix-huit**
9 neuf	**19 dix-neuf**
10 dix	**20 vingt**

*Auf Seite 40 findest du eine Zahlenliste bis 100.

Wie alt sind sie?

Lies, was die Kinder sagen. Weißt du jetzt, wie alt sie sind?

Wer hat welche Geschwister?

Unten steht, wie viele Geschwister diese Kinder haben. Findest du heraus, wer zu wem gehört? (Auf Seite 44 wird es verraten.)

Diane et Sylvie ont un frère et deux sœurs.

Odile a trois sœurs et deux frères.

Michel a cinq sœurs, mais pas de frères.

Luc a un frère, mais pas de sœurs.

Guy n'a pas de frères ni de sœurs, mais il a un chien.

Hilfsverben

avoir	haben
j'ai	ich habe
tu as	du hast
il/elle a	er/sie/es hat
nous avons	wir haben
vous avez	ihr habt
ils/elles ont	sie haben

être*	sein
je suis	ich bin
tu es	du bist
il/elle est	er/sie/es ist
nous sommes	wir sind
vous êtes	ihr seid
ils/elles sont	sie sind

*__être__ wird auf der nächsten Seite gebraucht; am besten, du lernst es gleich mit.

Deine Familie

Auf den folgenden zwei Seiten findest du viele Wörter, mit denen du deine Familie beschreiben kannst. Außerdem lernst du, was „mein“ und „dein“ heißt.

Wer ist wer?

Neue Wörter

la famille	die Familie	**la tante**	die Tante	**mince**	dünn
le grand-père	der Großvater	**les grands-parents**	die Großeltern	**vieux**	alt
le grand-mère	die Großmutter	**les parents**	die Eltern	**jeune**	jung
la père	der Vater	**grand/e**	groß	**blond/e**	blond
la mère	die Mutter	**petit/e**	klein	**brun/e**	dunkel, braun
l'oncle (m)	der Onkel	**gros/se**	dick, fett	**affectueux/se**	freundlich

„Mein“ und „dein“

Wie „mein“ und „dein“ übersetzt wird, hängt von Geschlecht und Zahl der Wörter ab, von denen du gerade sprichst.

	mein	dein
le-Wörter	**mon***	**ton***
la-Wörter	**ma**	**ta**
Mehrzahl	**mes**	**tes**

*Merke: **mon** und **ton** steht, unabhängig von ihrem Geschlecht, vor allen Wörtern, die mit einem Vokal (a, e, i, o, u) beginnen.

Wie du deine Familie beschreibst

Eigenschaftswörter (Adjektive)

Auch die Adjektive wechseln ihre Endungen. Und zwar mit Zahl und Geschlecht der Hauptwörter, die sie beschreiben: **Petit** (Einz. m), **petite** (Einz. w), **petits** (Mehrz. m), **petites** (Mehrz. w). Unregelmäßige Formen: **affectueux** (m), **affectueuse** (w); **vieux** (m), **vieille** (w).
Beschreibe diese Personen auf Französisch! Beginne mit **Il est ...** oder **Elle est ...!**

*Die weibliche Form von **vieux** ist **vieille: Ma grand-mère est très vieille.**

Bei dir zu Hause

Hier lernst du zu sagen, wo du wohnst und in welcher Umgebung und wie die Zimmer einer Wohnung heißen.

Wo wohnst du?

Neue Wörter

ou	oder
la maison	Haus
l'apparte-ment (m)	die Wohnung
le château	das Schloss
en ville	in der Stadt
à la campagne	auf dem Land
au bord de la mer	am Meer
papa	Papa
maman	Mama
pépé	Opa
mémé	Oma
le fantôme	das Gespenst
Où êtes-vous?	Wo sind Sie? Wo seid ihr?
la salle de bains	das Bad
la salle à manger	das Esszimmer
la chambre	das Schlaf-zimmer
le salon	das Wohn-zimmer
la cuisine	die Küche
le vestibule	die Diele
en haut	oben

Stadt oder Land?

Wo stecken sie alle?

Papa kommt nach Hause. Er will wissen, wo sich die verschiedenen Familienmitglieder gerade befinden. Kannst du es ihm sagen?

Z. B. **Mémé est dans le salon.** Vielleicht kannst du auch die Fragen unterhalb der kleinen Bilder beantworten! (s. S. 44)

Qui est dans la salle à manger?
Qui est dans la cuisine?
Qui est dans la salle de bains?
Qui est dans la chambre?

Qù est mémé?
Qù est le fantôme?
Qù est le chien?
Qù est Pierre?
Qù est papa?

Erinnerst du dich?

Wie fragt man jemanden, wo er wohnt?
Wie fragst du andere Leute, ob sie in einem Haus oder in einer Wohnung leben?
Erinnerst du dich, wie man „in der Stadt" übersetzt?
Wie sagst du, dass du im oberen Stockwerk bist?
Wie würdest du deiner Familie erzählen, dass du in der Küche bist?

Sachen suchen

Jetzt ist von Einrichtungsgegenständen die Rede und von allerlei merkwürdigen Haustieren.

Neue Wörter

chercher	suchen
quelque chose	etwas
le hamster	der Hamster
trouver	finden
le	ihn/es
sur	auf
sous	unter
derrière	hinter
devant	vor
entre	zwischen
à côté de	bei
le placard	der Wandschrank
l'armoire (f)	der Kleiderschrank
le fauteuil	der Sessel
le rideau	der Vorhang
la plante	die Pflanze
l'étagère (f)	das Regal
la table	der Tisch
le tapis	der Teppich
le canapé	das Sofa
la télévision	der Fernseher
la téléphone	das Telefon
le vase	die Vase
le voilà!	da ist!

Il oder elle?

Im Französischen gibt es kein persönliches Fürwort sächlichen Geschlechts („es"). Du benutzt **il** oder **elle,** je nachdem, ob das zu ersetzende Wort männlich oder weiblich ist. **Il** ersetzt männliche, **elle** weibliche Wörter.

Où est le hamster?
Il est sur la table.

Où est la tortue?
Elle est sur la table.

Wo ist der Hamster?

In, auf oder unter?

Diese Wörter musst du einfach lernen. **À côté de** wird zu **à côté du,** wenn die Bezeichnung vor ein **le-**Wort zu stehen kommt, z. B. **à côté du fauteuil** (neben dem Sessel).

Wo verstecken sie sich?

Kannst du Herrn Hulot sagen, wo sich seine sechs Lieblingstiere verstecken? Verwende die obigen Lagebezeichnungen. (Die Antworten findest du auf Seite 44.)

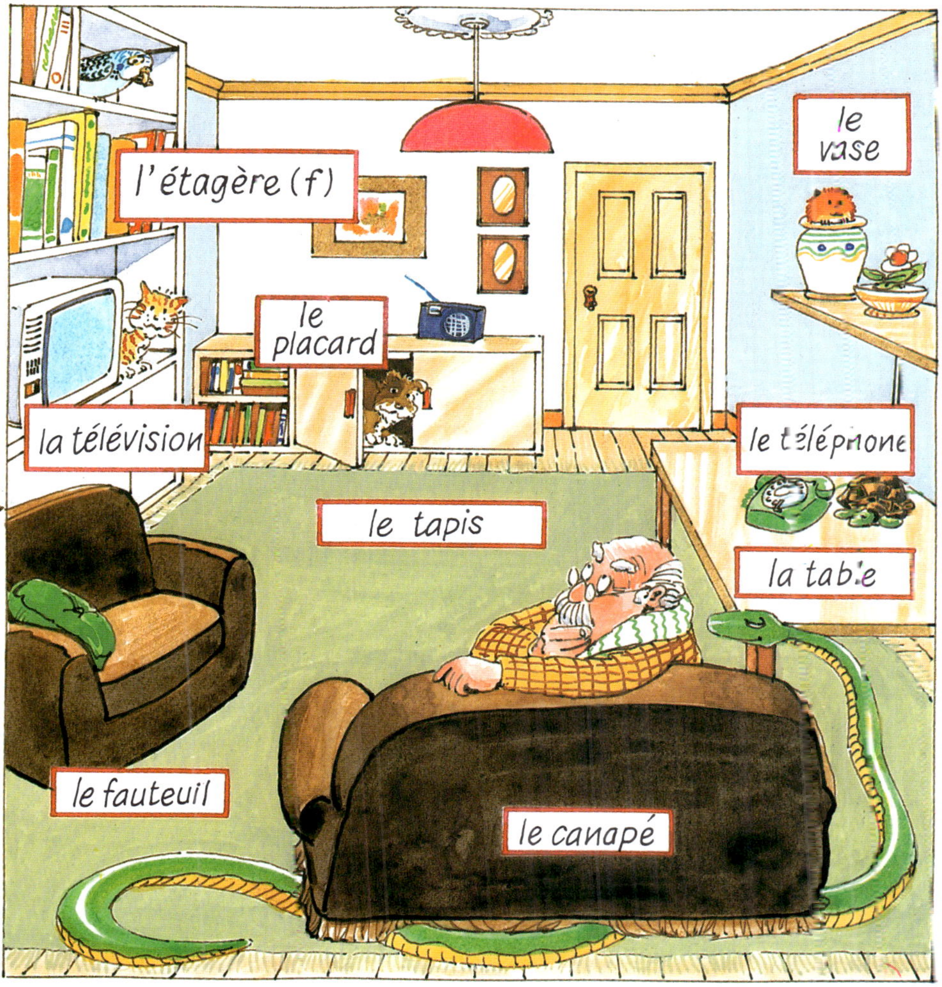

Was möchtest du essen?

Hier lernst du zu sagen, was du magst und was nicht.

Neue Wörter

aimer	mögen, lieben
Tu aimes ...?	Magst du ...?
j'aime	ich mag
je n'aime pas*	ich mag nicht/ kein
qu'est-ce que ...	was ...?
adorer	sehr mögen
pas du tout	überhaupt nicht
alors	dann
beaucoup	viel, sehr
le plus	am meisten
préférer	vorziehen, bevorzugen
surtout	über alles
la salade	der Salat
le poisson	der Fisch
les pommes frites	die Pommes frites
le gâteau	der Kuchen
la saucisse	die Wurst
le bifteck	das Steak
les spaghetti	die Spaghetti
manger	essen
la pizza	die Pizza
le hamburger	der Hamburger
le riz	der Reis
le pain	das Brot
le fromage	der Käse
moi aussi	ich auch

Was magst du gern?

Was magst du am liebsten?

*Mehr über die Verneinung auf Seite 43.

Was wird hier gegessen?

Wer mag was?

Wer mag Käse? Wer mag keinen Schinken? Wer mag Trauben lieber als Bananen?

Kannst du auf Französisch sagen, was du gerne isst und was nicht?

Du, de la, de l' und des

De + Artikel heißt „etwas". Wenn du einem deutschen Satz das Wort „etwas" einfügen kannst, **musst** du es im Französischen tun: Er isst (etwas) Brot, **Il mange du pain.** Du verwendest **du** vor **le**-Wörtern, **de la** vor **la**-Wörtern, **de l'** vor Wörtern, die mit einem Vokal beginnen, **des** vor Plural-Wörtern.*

*Siehe Seite 23

Tischgespräche

Hier erfährst du, was man in Frankreich bei Tisch sagt und wie du dich im Restaurant verständlich machen kannst.

Neue Wörter

à table s'il vous plaît	zu Tisch bitte
j'ai faim	ich habe Hunger
moi aussi	ich auch
sers-toi	bediene dich
servez-vous	bedienen Sie sich
Bon appétit	Guten Appetit
Tu peux me passer ...	Kannst du mir ... geben?
l'eau	das Wasser
le pain	das Brot
le verre	das Glas
Voulez-vous*...?	Möchten Sie ...?
encore de ...	noch einige/etwas ...
la viande	das Fleisch
oui, s'il te plaît	ja, bitte
non, merci	nein, danke
j'ai assez mangé	ich habe genug
C'est bon?	Schmeckt es?
c'est délicieux	es ist köstlich

Das Essen ist fertig

Gibst du mir bitte ...

*vous heißt „Sie", ist also die höfliche Form, in der Erwachsene angesprochen werden.

Möchten Sie noch etwas?

Wer sagt was?

Hier siehst du verschiedene Leute beim Essen. Weißt du, wie sie sich auf Französisch ausdrücken würden? Versuchs mal, ohne nachzuschauen. (Im Notfall stehts auf Seite 45.)

Simon sagt, dass er hungrig ist.

Der Koch wünscht dir guten Appetit.

Isabelle sagt: „Bedien dich."

Pierre bittet jemanden um ein Glas Wasser.

Die Mama bietet Simon mehr Pommes frites an.

Er sagt: „Ja, bitte" und dass er Pommes gerne mag.

Dann sagt er: „Nein, danke, es ist genug."

Marc sagt, dass das Essen sehr gut schmeckt.

Noch einmal de

Im Französischen kommt **de** im Sinne von „etwas" oft vor **le**, **la** oder **les: encore de?** noch etwas …? Vor **le** und **les** verändert es sich:

de + le = du
de + la = de la
de + l' = de l'
de + les = des

Über Hobbys

Diese Leute reden über ihre Steckenpferde.

Neue Wörter

faire	machen, tun
faire de la peinture	ein Bild malen
faire la cuisine	kochen
le passe-temps	das Hobby
bricoler	basteln
danser	tanzen
lire	lesen
regarder la télé	fernsehen
tricoter	stricken
nager	schwimmen
jouer	spielen
le sport	der Sport
le football	der Fußball
le tennis	das Tennis
la musique	die Musik
écouter	zuhören
l'instrument (m)	das Instrument
le violon	die Violine
le piano	das Klavier
le soir	der Abend

faire (machen, tun)

je fais	ich mache
tu fais	du machst
il/elle fait	er/sie/es macht
nous faisons	wir machen
vous faites	ihr macht
ils/elles font	sie machen

jouer à und jouer de

Wenn du über eine Sportart oder ein Spiel sprichst, dann bilde den Satz mit **jouer à**. **A + le** wird zu **au**, z. B. **je joue au football,** ich spiele Fußball. Wenn du aber ein Musikinstrument meinst, dann verwende **jouer de**. Sicher weißt du noch, dass **de + le** zu **du** wird, z. B. **je joue du piano,** ich spiele Klavier.

Was machst du abends?

Sportsleute

Musikliebhaber

Was tun diese Leute?

Decke den Rest der Seite zu und versuche zu sagen, was alle diese Leute tun. Sage es auf Französisch! Z. B. **Il joue au football.** „Er spielt Fußball." (s. S. 45)

Die Uhrzeit

Hier kannst du lernen, wie man auf Französisch sagt, wie spät es ist. Die nötigen Zahlen stehen auf Seite 40.

Bei Zeitangaben gibt es kein Wort für „nach“. Du hängst einfach die Minutenzahl an die Stundenangabe: **il est neuf heures cinq,** es ist fünf nach neun. „Fünf vor“ heißt **moins cinq** (wörtl.: weniger fünf): **il est neuf heures moins cinq,** es ist fünf vor neun.

Neue Wörter

Quelle heure est-il?	Wie viel Uhr ist es?
Il est une heure.	Es ist ein Uhr.
Il est deux heures.	Es ist zwei Uhr.
moins cinq	fünf vor
et quart	viertel nach
moins le quart	viertel vor
et demie*	eine halbe Stunde nach
midi	Mittag
minuit	Mitternacht
du matin	morgens
du soir	abends
à	um
se lever	aufstehen
son	sein/ihr
le petit déjeuner	das Frühstück
le dejéuner	das Mittagessen
le dîner	das Abendessen
il va	er geht
à l'école	zur Schule
au lit	ins Bett

aller (gehen)

je vais	ich gehe
tu vas	du gehst
il/elle va	er/sie/es geht
nous allons	wir gehen
vous allez	ihr geht
ils/elles vont	sie gehen

Wie spät ist es?

Hier steht, wie man sich nach der Zeit erkundigt.

Es ist ...

Il est neuf heures cinq.

Il est neuf heures et quart.

Il est neuf heures et demie.

Il est dix heures moins le quart.

Il est dix heures moins cinq.

Il est midi/minuit.

Die Tageszeit?

Il est six heures du matin.

Il est six heures du soir.

*Halb eins heißt **midi/minuit et demi**.

Marcs Tageslauf

Lies, was Marc den Tag über macht, und suche die zu den Bildern passenden Uhrzeiten. (Die richtigen Antworten findest du auf Seite 45.)

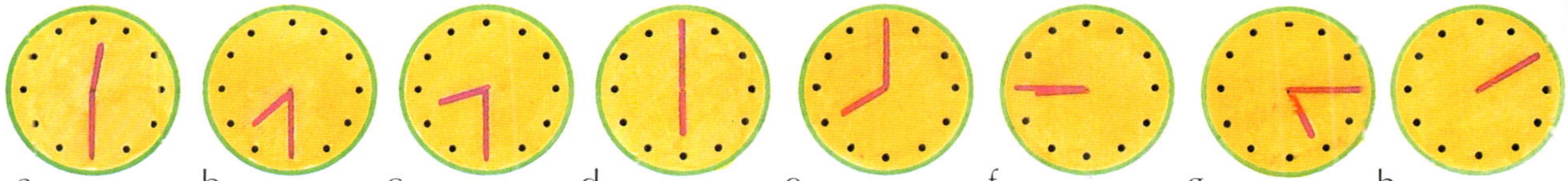

a b c d e f g h

1

Marc se lève à sept heures et demie.*

2

Il mange** son petit déjeuner à huit heures.

3

A neuf heures moins le quart, il va à l'école.

4

Il mange son déjeuner à midi et demi.

5

A deux heures dix il joue au football.

6

A cinq heures et quart il regarde la télé.

7

A six heures il mange son dîner.

8

Il va au lit à huit heures et demie.

Wie viel Uhr ist es?

Kannst du jetzt auf Französisch sagen, wie spät es ist?

*Manche Verben bestehen aus zwei Teilen. Mehr darüber auf Seite 43.
Besser: Il **prend son petit déjeuner ... (= er nimmt)

Sich verabreden

Hier steht, wie du das machst.

Neue Wörter

on va ...?	gehen wir ...?
quand?	wann?
mardi	Dienstag
le matin	der Morgen, morgens
l'après-midi	der Nachmittag, nachmittags
le soir	der Abend, abends
la piscine	das Schwimmbad
vers	um, gegen
à mardi	bis Dienstag
aujourd'hui	heute
à demain	bis morgen
ce soir	heute Abend
d'accord	einverstanden
je ne peux pas	ich kann nicht
pas possible	nicht möglich
dommage!	schade!
aller à	gehen zu, nach
le cinéma	das Kino
la boum	das Fest, die Fete

Wochentage

dimanche	Sonntag
lundi	Montag
mardi	Dienstag
mercredi	Mittwoch
jeudi	Donnerstag
vendredi	Freitag
samedi	Samstag

Tennis

Schwimmen

Ins Kino gehen

Auf eine Party gehen

Dein Merkbuch

Hier ist dein Merkbuch mit allen Terminen dieser Woche. Lies die Eintragungen und versuche dann die Fragen ganz unten links auf Französisch zu beantworten. (s. S. 45)

Qu'est-ce que tu fais vendredi?
Quand joues-tu au tennis?
Tu vas quand au cinéma?
Tu joues du piano jeudi?
Qu'est-ce que tu fais dimanche?
A quelle heure est la boum samedi?

A + le

Noch einmal: **à** vor einem **le** wird zu **au:**
On va au cinéma? Gehen wir ins Kino?*

*Mehr dazu auf Seite 43.

Nach dem Weg fragen

Hier erfährst du, wie du dich nach dem richtigen Weg erkundigst. Dabei kannst du zwei Anredeformen gebrauchen: **tu** und **vous,** du und Sie. **Tu** sagst du zu einem Freund, **vous** zu einem fremden Erwachsenen.

Neue Wörter

pardon	Entschuldigung
je vous en prie	ich bitte sie
ici	hier
là-bas	dort/unten
la poste	die Post
sur la place du marché	auf dem Marktplatz
l'hôtel	das Hotel
puis	dann
tournez ...	biegen Sie ab nach ...
Il y a ...?	Gibt es (dort) ...?
près d'ici	in der Nähe
la rue	die Straße
juste	genau
C'est loin?	Ist es weit?
à cinq minutes	fünf Minuten entfernt
à pied	zu Fuß
le supermarché	der Supermarkt
en face de	gegenüber
à côté de	neben
la banque	die Bank
la pharmacie	die Apotheke

Richtungen

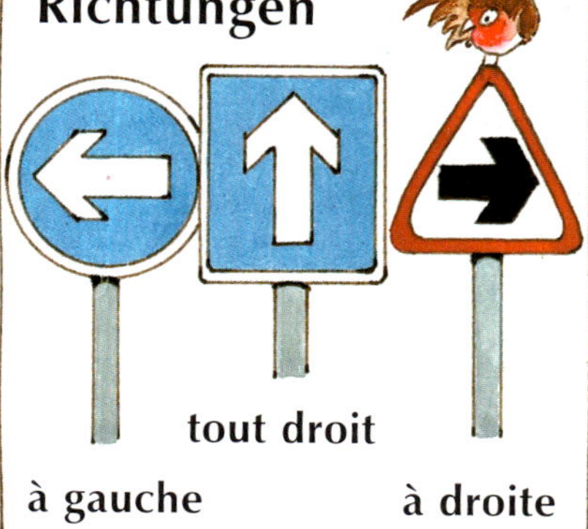

Höflich sein

So sagt man „Entschuldigung". Es ist üblich, **Monsieur**, **Madame** oder **Mademoiselle** hinzuzufügen.

Wo ist ...?

Gibts hier in der Nähe ...?

Ist es weit?

Wichtige Orte

la gare	une station service	les toilettes	une boîte aux lettres

Bahnhof	Tankstelle	Toiletten	Briefkasten
une cabine téléphonique	un camping	l'hôpital	l'aéroport

Telefonzelle	Campingplatz	Krankenhaus	Flughafen

Sich zurechtfinden

Hier steht, wie du nach dem Weg fragst. Wenn du Lust hast, versuche die Fragen auf der gegenüberliegenden Seite zu beantworten. (s. S. 45)

*S'il vous plaît heißt „bitte", wörtlich: „Wenn es Ihnen gefällt."

Neue Wörter

pour aller à …?	wie komme ich nach/zu …?	**jusqu'à**	bis
prenez …	nehmen Sie …	**en voiture**	mit dem Auto
continuez …	gehen Sie weiter	**la première rue**	die erste Straße
l'aubergen de jeunesse (f)	die Jugendherberge	**la deuxième rue**	die zweite Straße
le syndicat d'initiative	die Touristeninformation	**la troisième rue**	die dritte Straße
		l'Hôtel de Ville	das Rathaus
		l'église (f)	die Kirche

prendre	nehmen		
je prends	ich nehme	**nous prenons**	wir nehmen
tu prends	du nimmst	**vous prenez**	ihr nehmt
il/elle prend	er/sie/es nimmt	**ils prennent**	sie nehmen
		elles prennent	sie nehmen

Wenn dir ein Franzose den Weg erklärt, wird er die **vous**-Form des Verbs benutzen: **Prenez la première rue …**

Sich in Beauville zurechtfinden

Wie fragst du nach dem richtigen Weg zum Marktplatz? Wie erkundigst du dich, ob es in der Nähe ein Café gibt und ob es weit bis dorthin ist?

Beschreibe dem Fahrer des gelben Wagens den Weg zur Kirche. Beschreibe jemandem den Weg vom Hotel zum Markt. Wohin gelangt das gelbe Auto, wenn sein Fahrer dieser Anweisung folgt: **Prenez la deuxième rue à gauche et c'est à droite.** (Auf Seite 45 stehts.)

Beim Einkaufen

Hier erfährst du, was man in Frankreich beim Einkaufen sagt. Wenn du einen Laden betrittst, solltest du mit **Bonjour, madame** (oder **monsieur**) grüßen. Sind viele Leute im Geschäft, genügt: **Bonjour.**

Französisches Geld

Un euro, ein Euro, hat **100 cents**. Auf Preisschildern ist das Wort **euros** mit **EUR** abgekürzt: **300 EUR**.
Um Preise zu verstehen, musst du die Zahlen kennen. Sie stehen auf Seite 40.

Neue Wörter

faire des courses	einkaufen gehen
acheter	kaufen
la boulangerie	die Bäckerei
l'épicerie (f)	das Lebensmittelgeschäft
la boucherie	die Metzgerei
le lait	die Milch
l'œuf (m)	das Ei
le fruit	die Frucht
le légume	das Gemüse
la viande	das Fleisch
le petit pain	das Brötchen
la pomme	der Apfel
la tomate	die Tomate
Vous désirez?	Was wünschen Sie?
je voudrais	ich möchte
qui, bien sûr	ja, gern
C'est tout?	Ist das alles?
et avec ça?	noch etwas?
Ça fait combien?	Wie viel kostet das?
voilà!	da ist
un litre	ein Liter
un kilo	ein Kilo
une livre	ein Pfund
alors	also

Madame Delon geht einkaufen

Madame Delon fait des courses.

Elle achète du* pain à la boulangerie.

In der Bäckerei

*Über **du**, **de la** und **de l'** mehr auf Seite 21.

Elle achète du lait et des œufs à l'épicerie.

Elle achète des fruits et des légumes au marché.

Elle achète de la viande à la boucherie.

Im Lebensmittelgeschäft

Auf dem Markt

Einkaufen und bestellen

Natürlich musst du nach Preisen fragen und im Café etwas bestellen können.

Neue Wörter

coûter	kosten
Combien coûte/ coûtent ...?	Wie viel kostet/ kosten ...?
la carte postale	die Postkarte
... le kilo	... pro Kilo
... la pièce	... pro Stück
la rose	die Rose
donnez m'en sept ...	geben Sie mir sieben ...
le café	der Kaffee
l'addition (f)	die Rechnung
le raisin	die Traube
l'orange (f)	die Orange
la banane	die Banane
l'ananas (m)	die Ananas
le citron	die Zitrone
la pêche	der Pfirsich
la limonade	die Limonade
le coca-cola	die Coca-Cola
le thé	der Tee
au lait	mit Milch
au citron	mit Zitrone
le chocolat	die Schokolade
un verre de ...	ein Glas ...
une glace	ein Eis

Was kostet ...?

Im Café

Obst kaufen

Alle Obstsorten sind mit Namen und Preis bezeichnet. Kannst du die Fragen unter dem Bild beantworten? (Du kannst auf Seite 45 nachschauen.)

Wie würdest du dem Marktmann sagen, dass du vier Zitronen, ein Kilo Bananen und eine Ananas möchtest? Wie viel kostet jede Obstsorte einzeln? (Auf Seite 45 stehts.)

Qu'est-ce qui coûte deux euros la pièce?
Qu'est-ce qui coûte deux euros le kilo?
Qu'est-ce qui coûte trois euros le kilo?
Qu'est-ce qui coûte cinquante cents?

Im Café bestellen

Hier sind einige leckere Sachen, die du vielleicht bestellen willst.

Monate, Jahreszeiten und das Datum

Hier findest du alles über die Namen der Monate und Jahreszeiten und einiges über das Datum.

Die Jahreszeiten

Neue Wörter

le mois	der Monat
l'année	das Jahr
le combien sommes-nous?	den Wievielten haben wir?
aujourd'hui	heute
l'anniversaire (m)	der Geburtstag

Die Jahreszeiten

le printemps	der Frühling
l'été (m)	der Sommer
l'automne (m)	der Herbst
l'hiver (m)	der Winter

Die Monate

janvier	Januar
février	Februar
mars	März
avril	April
mai	Mai
juin	Juni
juillet	Juli
août	August
septembre	September
octobre	Oktober
novembre	November
décembre	Dezember

Erster, zweiter, dritter …

„Der, die, das erste …" heißt **premier** bei **le**-Wörtern und **première** bei **la**-Wörtern. Bei „der, die, das zweite …" usw. wird dem betreffenden Zahlwort die Endung **-ième** angehängt. Endet das Zahlwort auf e, fällt das e weg: **quatrième.***

Beim Datum heißt nur „der erste" **le premier.** Alle anderen Daten werden mit **le + einfachem Zahlwort** angegeben.

Und die anderen Monate? An welcher Stelle kommen sie?

*__Neuf__ (9) wird zu **neuvième** (9).

Das Datum

Das Datum schreiben

So wird das Datum geschrieben: **le + Tagesdatum + Monatsname.** Der erste heißt **le 1er.**

Wann hast du Geburtstag?

Wann ist ihr Geburtstag?

Unter den Bildern steht, an welchem Tag diese Kinder Geburtstag haben. Kannst du auf Französisch sagen, wann das ist? Z. B. **L'anniversaire de Nicole est le deux avril**

Nicole	Bertrand	Hélène	Claire	Claude	Roger

le 2 avril	le 21 juin	le 18 octobre	le 31 août	le 3 mars	le 7 septembre

Farben und Zahlen

Farbbezeichnungen verändern sich wie Adjektive. **Marron** ist unveränderlich, **blanc** (m) wird zu **blanche** in der weiblichen Form.

Die Farben

rouge *bleu(e)* *jaune* *vert(e)* *orange* *rose* *noir(e)* *blanc(he)* *gris(e)* *marron*

Welche Farbe hat ...?

Decke das obere Bild zu und versuche zu sagen, welche Farbe jeder Gegenstand auf dem Bild rechts hat. Die nötigen Wörter kennst du.* (s. S. 45)

Zahlen

Die 30er, 40er, 50er und 60er zählst du auf dieselbe Weise wie von 20 bis 29.

Achtung! Die 70er, 80er und 90er tanzen aus der Reihe.

1 un	11 onze	21 vingt et un	40 quarante
2 deux	12 douze	22 vingt-deux	50 cinquante
3 trois	13 treize	23 vingt-trois	60 soixante
4 quatre	14 quatorze	24 vingt-quatre	70 soixante-dix
5 cinq	15 quinze	25 vingt-cinq	71 soixante et onze
6 six	16 seize	26 vingt-six	80 quatre-vingts
7 sept	17 dix-sept	27 vingt-sept	81 quatre-vingt-un
8 huit	18 dix-huit	28 vingt-huit	90 quatre-vingt-dix
9 neuf	19 dix-neuf	29 vingt-neuf	91 quatre-vingt-onze
10 dix	20 vingt	30 trente	100 cent

*Der Himmel heißt **le ciel.**

Die französische Aussprache

Die folgende Liste bringt Buchstaben oder Buchstabenkombinationen, denen im Französischen jeweils bestimmte Laute entsprechen. Die Liste ist also ein Aussprache-Wegweiser. Aussprache und Sprachmelodie des Französischen weichen erheblich von denen des Deutschen ab. Höre also französischen Freunden zu so oft du kannst. Höre französische Radiosender oder Popmusik. Du wirst sehen, im Handumdrehen hast du gelernt, wie Französisch klingt.

a	Spricht man wie im Deutschen aus: **arriver, Paris, chat, mari**
e	In dieser Form unbetont wie in Wanne: **le, petit, regarder**
é	Das „e" wird betont: Schnee, **été, café, thé**
ê	Klingt wie ein kurzes „ä": **même, vous êtes**
i	Wie das deutsche „i": Hirte, **il, dix, ville**
o	Spricht man wie im Deutschen: morgen, **fromage, pomme**
u	Wird wie „ü" ausgesprochen: Tüt, **du, une, plus, musique**
eau, au	Klingt wie ein gestöhntes „oh": **eau, beau, gauche, château**
eu	Wird wie „ö" ausgesprochen: **deux, bleu, cheveux**
ou	Spricht man wie „u": **Tour de France, ou, tout, beaucoup**
oi	Klingt wie ein schnelles „oa": Quak! **voix, poisson, boîte**
on, an	Man spricht den Vokal, das „n" wird nur leicht angehängt: **Chanson, dans, bonjour, français, Avignon**
un	Spricht man „ön" ohne das „n" zu betonen: **un, chacun**
in, ain	Spricht man wie „än". Auch hier wird das „n" nicht betont: **Saint, vin, prince, train**
c	Vor „i" oder „e" klingt „c" wie „s": **merci, France, certain**
	vor allen anderen Buchstaben wird „c" als „k" ausgesprochen: **café, coton, crabe**
ç	Wird wie „s" ausgesprochen: **garçon, fançais**
ch	Spricht man „sch" aus: Schaf, **cochon, vache, chanter, Charles**
g	Spricht man vor „i" und „e" wie „sch": Garage, **gendarme, girafe, âge**
	Vor allen anderen Buchstaben klingt es wie das deutsche „g": Gitarre, **grand, gare**
gn	Wird wie „nj" mit einem verschluckten „g" davor ausgesprochen: Champignon, **campagne, montagne**
j	Ist ein stimmhaftes „sch": **bonjour, jeune**
th	Spricht man wie das deutsche „t": Tee, **thé, théâtre**
qu	Klingt wie das deutsche „k": Kiste, **question, musique**
h	Wird im Französischen nicht ausgesprochen: **histoire, hôpital, hôtel**

Konsonanten am Ende eines Wortes werden in der Regel nicht mitgesprochen: **français, petit, les, tout, deux.**

Sprachregeln

Jede Sprache folgt Regeln, Grammatik genannt. Sie beschreiben, wie eine Sprache funktioniert und benutzt werden kann. Sprachregeln sind also auch Gebrauchsanweisungen. Jede Sprache hat ihre eigenen Regeln. Auf den folgenden zwei Seiten findest du einige wichtige Regeln der französischen Sprache. Es sind dieselben, die schon vorne im Buch erläutert wurden. Lies sie von Zeit zu Zeit durch, es lohnt sich: Du wirst Französisch noch leichter lernen, wenn du weißt, wie es funktioniert.

le, la, l'

Französische Hauptwörter sind entweder männlich oder weiblich. Der Artikel gibt Auskunft über Geschlecht und Zahl des jeweiligen Wortes. Vor männlichen Hauptwörtern steht **le,** vor weiblichen **la;** vor Hauptwörtern, die mit einem Vokal beginnen, verkürzt sich **le** oder **la** zu **l':**

le livre	das Buch
le maison	das Haus
l'arbre (m)	der Baum

les

Ist von mehr als einer Person oder Sache die Rede, so lautet der Artikel in allen Fällen **les:**

les livres	die Bücher
les maisons	die Häuser
les arbres	die Bäume

In der Mehrzahlform wird französischen Hauptwörtern ein **-s** angehängt. Dieses **-s** wird nicht ausgesprochen. Es gibt von dieser Regel abweichende Mehrzahlformen. In der Wortliste sind sie in Klammern gesetzt.

au, aux

Wenn **le** nach **à** kommt, wird beides zusammen zu **au:**

Il est au cinéma.	Er ist im Kino.

à + les wird zu **aux:**

la tarte aux fruits	Obsttorte

du, des

Wenn **le** nach **de** kommt, wird beides zusammen zu **du:**

le prix du pain	der Brotpreis

de + les wird zu **des:**

les prix des œufs	der Eierpreis

un, une

„Ein" oder „eine" heißt vor männlichen Hauptwörtern **un,** vor weiblichen **une:**

un livre	ein Buch
une maison	ein Haus
un arbre	ein Baum

„einige", „etwas"

Das Wort für „einige" oder „etwas" ist **du** vor **le**-Wörtern, **de la** vor **la**-Wörtern, **de l'** vor Wörtern, die mit einem Vokal beginnen, und **des** vor Pluralwörtern. Diese Wörter werden im Französischen sehr häufig verwendet.

Il mange du pain.	Er isst Brot.

Eigenschaftswörter (Adjektive)

Adjektive sind beschreibende Wörter. Französische Adjektive wechseln ihre Endungen, je nachdem, ob sie männliche, weibliche oder Mehrzahlwörter beschreiben. In der Regel bekommt das Adjektiv ein **-e** in der weiblichen Form, es sei denn, es endet sowieso schon auf **e:**

Il est petit.	Er ist klein.
Elle est petite.	Sie ist klein.

Im Plural bekommt die männliche oder weibliche Form des Adjektivs noch ein **s:**

Ils sont petits.	Sie sind klein.
Elles sont petites.	Sie (w) sind klein.

„Mein“ und „dein“

Geschlecht und Zahl des folgenden Wortes bestimmen darüber, wie „mein“ oder „dein“ übersetzt werden:

Mon/ton livre Mein/dein Buch
Ma/ta maison Mein/dein Haus
Mes/tes frères Meine/deine Brüder

Fürworter (Pronomen)

Wie im Deutschen ist die Anrede im Französischen **tu** = du oder **vous** = Sie. „Es“ heißt **il** anstelle von **le**-Wörtern, **elle** anstelle von **la**-Wörtern. „Sie“ (Mehrzahl) wird mit **ils** anstelle von **le**-Wörtern übersetzt und mit **elles** anstelle von **la**-Wörtern.

je	ich	**il**	er, es (m)	**nous**	wir	**ils**	sie (m)
tu	du	**elle**	sie, es (w)	**vous**	ihr	**elles**	sie (w)

Tätigkeitswörter (Verben)

Französische Verben verändern sich abhängig von der Person, die etwas tut. Die meisten folgen dem Schema, das durch ihre Endung bestimmt wird. In diesem Buch werden hauptsächlich Verben benutzt, die auf **-er** enden, wie **manger** (essen). Daneben gibt es aber so genannte unregelmäßige Verben, z. B. **avoir, être** und **aller**, deren Veränderungsformen eigens gelernt werden müssen.

manger	essen
je mange	ich esse
tu manges	du isst
il/elle mange	er/sie/es isst
nous mangeons	wir essen
vous mangez	ihr esst
ils/elles mangent	sie essen

Ne...pas

Ne unmittelbar vor dem Verb, **pas** unmittelbar dahinter, so werden französische Tätigkeitswörter verneint. Wenn das Verb mit einem Vokal beginnt, wird **ne** zu **n'**:

Je ne parle pas français.
Ich spreche kein Französisch.
Il n'aime pas le jambon.
Er mag keinen Schinken.

Reflexive Verben

Die reflexive Verbform von „ich heiße“ ist „ich nenne mich“. Das angefügte Pronomen macht das Verb reflexiv. So etwas gibt es auch im Französischen. Nur wird das Pronomen **vor** das Verb gesetzt. Aber Achtung: Reflexive Verben sind im Deutschen und im Französischen nicht dieselben!
Wie im Deutschen muss das Pronomen im Französischen in Übereinstimmung mit Geschlecht und Zahl der Person gewählt werden, die handelt. **Me** wird zu **m', te** zu **t'** vor Verben, die mit einem Vokal beginnen.

se lever	aufstehen, sich erheben
je me lève	ich stehe auf/erhebe mich
tu te lèves	du stehst auf/erhebst dich
il/elle se lève	er/sie/es steht auf/erhebt sich
nous nous levons	wir stehen auf/erheben uns
vous vous levez	ihr steht auf/erhebt euch
ils/elles se lèvent	sie stehen auf/erheben sich

Antworten

Seite 7

Wie heißen sie?

Il s'appelle Pierre.
Elle s'appelle Marie.
Ils s'appellent Paul et Jean.
Je m'appelle (dein Name).

Wer ist wer?

Michel spricht mit Jean.
Anne spricht mit Pascale.
Michel schwimmt neben dem Seehund.
Jean spricht mit ihm.
Anne ist in der unteren linken Ecke.
Der Mann, der mit Nicolas spricht, geht nach Hause.

Erinnerst du dich?

Comment tu t'appelles?
Je m'appelle...
C'est mon amie. Elle s'appelle Pascale.
Mon ami s'appelle Daniel.

Seite 9

Erinnerst du dich?

la/une fleur, le/un chat, l'/un arbre/ le/un nid, l'/un oiseau, le/un toit, le soleil, la/une fenêtre, la/une voiture, le/un chien

Seite 11

Wer kommt woher?

Franz kommt aus Österreich.
Sie heißen Hari und Indira.
Lolita ist Spanierin.
Ja, Angus kommt aus Schottland.
Marie und Pierre kommen aus Frankreich.
János lebt in Budapest.
Budapest ist in Ungarn.

Erinnerst du dich?

Tu viens d'où?
Je viens de...
Je parle français.
Tu parles français?

Seite 13

Wie alt sind sie?

Michel ist 13.
Diane und Sylvie sind 15.
Guy ist 12.
Odile ist 11.
Luc ist 9.
Colette ist 5.

Wer hat welche Geschwister?

A = Diane et Sylvie.
B = Luc.
C = Michel.
D = Guy.
E = Odile.

Seite 17

Wo stecken sie alle?

Simon est dans la cuisine.
Pépé est dans la salle à manger.
Maman est dans la chambre.
Pierre est dans la salle de bains.
Isabelle est en haut.
Le fantôme est dans la chambre d'Isabelle.
Mémé est dans le salon.

Pépé. Simon. Piere. Maman.

Dans le salon.
Dans la chambre d'Isabelle.
Dans la salle à manger.
Dans le vestibule.

Je suis en haut.
Je sues dans la cuisine.

Seite 19

Wo verstecken sie sich?

Le hamster est dans le vase.
Le petit chat est derrière la télévision.
Le petit chien est dans le placard.
La perruche est sur l'étagère.
Le serpent est derrière le canapé.
La tortue est à côtè du téléphone.

Seite 21

Wer mag was?

1. Boris
2. Jean
3. Pépé

Seite 23

Wer sagt was?

«J'ai faim.»
«Bon appétit.»
«Sers-toi.»
«Peux-tu me passer un verre?»
«Veux-tu encore des pommes frites?»
«Oui, merci. J'aime les pommes frites.»
«Non, merci. J'ai assez mangé.»
«C'est délicieux.»

Seite 25

Was tun diese Leute?

A Il fait la cuisine.
B Il nage.
C Ils dansent.
D Elle joue du violon.
E Il fait de la peinture.

Seite 27

Marcs Tageslauf

1b, 2e, 3f, 4a, 5h, 6g, 7d, 8c.

Wie viel Uhr ist es?

A Il est trois heures cinq.
B Il est onze heures cinq.
C Il est neuf heures moins dix.
D Il est quatre heures moins le quart.
E Il est trois heures vingt cinq.
F Il est sept heures et demie.
G Il est trois heures.
H Il est quatre heures.
I Il est neuf heures.
J Il est une heure et demie.
K Il est sept heures et demie.
L Il est dix heures et demie.
M Il est six heures.
N Il est quatres heures moins vingt cinq.
O Il est deux heures moins cinq.

Seite 29

Vendredi soir je vais danser avec Boris.
Je joue au tennis lundi, mercredi et dimanche.
Je vais au cinéma mercredi soir
Non, je joue du piano mardi.
Dimanche après-midi je joue au tennis.
Elle est à sept heures.

Seite 33

Pour aller à la place du marché, s'il vous plaît?
Pardon, il y a un café près d'ici?
C'est loin?

Prenez la troisième à gauche, puis allez tout droit.

Prenez la troisième à droite, puis allez tout droit.
Le marché est à gauche.

Zu den Läden.

Seite 37

Je voudrais quatre citrons, un kilo bananes et un ananas.
Quatre citrons coûtent deux euros.
Un kilo de bananes coûte deux euros.
Un ananas coûte deux euros.

un ananas. les bananes. les pêches et le raisin. un citron

Seite 39

L'anniversaire de Bertrand est le vingt et un juin.
L'anniversaire d'Hélène est le dix-huit octobre.
L'anniversaire de Claire est le trente et un août.
L'anniversaire de Claude est le trois mars.
L'anniversaire de Roger est le sept septembre.

Seite 40

La rue est grise.
Le soleil est jaune.
Le toit est orange.
Le ciel est bleu.
Les fleurs sont roses.
Le chien est marron.
L'oiseau est noir.
La voiture est rouge.
Les arbres sont verts.
La maison est blanche.

Alphabetische Wortliste

Adjektive und Fürwörter werden in der männlichen Einzahlform angeführt.

à	nach, in, bei, zu, auf
à bientôt	bis bald
à côté de	neben, nahe bei
à droite	rechts
à gauche	links
à la campagne	auf dem Land
à peu près	beinahe, ungefähr
à pied	zu Fuß
acheter	kaufen
l'addition (f)	die Rechnung
affectueux, affectueuse	liebevoll, freundlich
l'Afrique (f)	Afrika
aimer	lieben, mögen
l'Allemagne (f)	Deutschland
allemand	deutsch
aller	gehen
alors	also
l'ami (m), l'amie (f)	der Freund, die Freundin
l'ananas (m)	die Ananas
anglais	englisch
l'Angleterre (f)	England
l'année (f)	das Jahr
l'anniversaire (m)	der Geburtstag
août*	der August
l'appartement (m)	die Wohnung
l'après-midi (m)	der Nachmittag
l'arbre (m)	der Baum
l'armoire (f)	der Schrank
assez	genug, hinlänglich
l'auberge (f) de jeunesse	die Jugendherberge
au bord de la mer	am Meer
aujourd'hui	heute
au revoir	Auf Wiedersehen
aussi	auch, ebenfalls
l'automne (m)	der Herbst
l'Autriche (f)	Österreich
avec	mit, bei
avoir	haben
avoir … ans	… Jahre alt sein
avoir faim	Hunger haben
avril*	der April
la banane	die Banane
la banque	die Bank
la barrière	der Zaun
beaucoup	viel, recht viel, sehr
le beurre	die Butter
bien	gut
bien sûr	sicher, sicherlich
le bifteck	das Steak
blanc, blanche	weiß
bleu	blau
blond	blond
la boîte aux lettres	der Briefkasten
bon appétit!	guten Appetit
bonjour	guten Tag
bonne nuit	gute Nacht
bonsoir	guten Abend
la boucherie	die Metzgerei
la boulangerie	die Bäckerei
bricoler	basteln
brun	braun, dunkelhaarig
la cabine téléphonique	die Telefonzelle
le café	der Kaffee
le camping	der Zeltplatz
le canapé	das Sofa
la carte postale	die Postkarte
ça va?	wie gehts?
ce, cette	dieser, diese, dieses
le château (pl. châteaux)	das Schloss
la chambre	das Schlafzimmer
le chat	die Katze
la cheminée	der Schornstein
chercher	suchen
le chien	der Hund
le chocolat	die Schokolade
le ciel	der Himmel
le cinéma	das Kino
le citron	die Zitrone
le coca-cola	die Coca-Cola
combien?	wie viel?
comment tu t'appelles?	wie heißt du?
coûter	kosten
la cuisine	die Küche
d'accord	o. k! Einverstanden!
dans	in
danser	tanzen
décembre*	der Dezember
le déjeuner	das Mittagessen
l'après-midi/de …	am Nachmittag/ nachmittags
demain	morgen
derrière	hinten, hinter
deuxième	zweiter, zweite, zweites
devant	vorn, voraus
le dimanche	der Sonntag
le dîner	das Abendessen
dommage!	das ist schade!
d'où?	von woher?
du matin	morgens
du soir	abends
l'eau (f)	das Wasser
l'école (f)	die Schule
l'Ecosse (f)	Schottland
écouter de	zuhören
encore de …	noch mehr …
en face de	gegenüber
en français	auf Französisch
en haut	oben
entre	zwischen
en ville	in der Stadt
en voiture	mit dem Auto
l'épicerie (f)	das Lebensmittelgeschäft
l'Espagne (f)	Spanien
et	und
l'été (m)	der Sommer

*Monatsnamen, grundsätzlich männlich, werden ohne Artikel verwendet, oder so: le mois d'avril, le mois de décembre

être	sein
l'euro	der Euro

faire	machen, tun
faire de la peinture	malen, ein Bild malen
faire des courses	einkaufen gehen
faire la cuisine	kochen
la famille	die Familie
le fantôme	das Gespenst
le fauteuil	der Sessel
la fenêtre	das Fenster
février*	der Februar
la fleur	die Blume
le football	der Fußball
français	französisch
le frère	der Bruder
le fromage	der Käse
le fruit	die Frucht

le garage	die Garage
la gare	der Bahnhof
le gâteau (pl. gâteaux)	der Kuchen
la glace	das Eis
grand	groß
la grand-mère	die Großmutter
les grands-parents	die Großeltern
le grand-père	der Großvater
gris	grau
gros, grosse	dick, fett

habiter	wohnen
le hamburger	der Hamburger
le hamster	der Hamster
l'hiver (m)	der Winter
la Hongrie	Ungarn
l'hôtel (m)	das Hotel

ici	hier
les Indes (f)	Indien
il n'y a pas des quoi	da ist nichts
il y a	da ist

le jambon	der Schinken
janvier*	der Januar
jaune	gelb
le jeudi	der Donnerstag
jeune	jung
je vous en prie	ich bitte sie, das macht nichts
jouer	spielen
juillet*	der Juli
juin*	der Juni
le jus d'orange	der Orangensaft
jusqu'à	bis nach

le kilo	das Kilo
la	die
là-bas	dort unten, da hinten
le	der
le lait	die Milch
le légume	das Gemüse
le meilleur	das Beste
la limonade	die Limonade
lire	lesen
le lit	das Bett
le litre	der Liter
la livre	das Pfund (halbes Kilo)
le livre	das Buch
loin	weit
le lundi	der Montag

Madame/la dame/	Frau/ die Frau/
Mademoiselle/ la demoiselle	Fräulein/ das Fräulein
mai*	der Mai
mais	aber
la maison	das Haus
mal	schlecht
la maman	die Mama
manger	essen
le marché	der Markt
le mardi	der Dienstag
marron	braun
mars*	der März
le matin	der Morgen, Vormittag
le mémé	die Oma
merci	danke
le mercredi	der Mittwoch
la mère	die Mutter
le midi	der Mittag
mieux	besser
mince	dünn
minuit	die Mitternacht
la minute	die Minute
moi	mich
moins	weniger
le mois	der Monat
mon, ma, mes	mein, meine
Monsieur/ le monsieur	Herr/ der Herr

nager	schwimmen
le nid	das Nest
noir	schwarz
non	nein, nicht
novembre*	der November

octobre*	der Oktober
l'œuf (m)	das Ei
l'oncle (m)	der Onkel
l'oiseau (m) (pl. oiseaux)	der Vogel
orange	orange
l'orange (f)	die Orange
ou	oder
où?	wo?
oui	ja

le pain	das Brot
le papa	der Papa
pardon	Entschuldigung
les parents	die Eltern
parler	sprechen, reden
pas du tout	überhaupt nicht
pas possible	nicht möglich
le passe-temps	das Hobby
la pêche	Pfirsich
le pépé	der Opa
le père	der Vater
la perruche	der Wellensittich
petit	klein
le petit chat	das Kätzchen

le petit chien	das Hündchen
le petit déjeuner	das Frühstück
le petit pain	das Brötchen
la pharmacie	die Apotheke
le piano	das Klavier
la pièce	das Stück
la pizza	die Pizza
le placard	der Wandschrank
la place du marché	der Marktplatz
la plante	die Pflanze
le poisson	der Fisch
la pomme de terre	die Kartoffel
les pommes frites	die Pommes frites
la porte	die Tür
la poste	die Post
premier, première	erster, erste, erstes
prendre	nehmen
près d'ici	nahe bei
presque	beinahe, fast
le printemps	der Frühling
puis	dann, darauf
quand?	wann
quel, quelle	welcher, welche, welches
quelque chose	etwas
qui?	wer?
la quiche	die Quiche (Zwiebelkuchen)
la raisin	die Traube
l'étagère (f)	das Regal
regarder	ansehen
le rideau	der Vorhang
le riz	der Reis
rose	rosa
la rose	die Rose
rouge	rot
la rue	die Straße
la salade	der Salat
la salle à manger	das Esszimmer
la salle de bains	das Bad
le salon	das Wohnzimmer
Salut!	Hallo!
le samedi	der Samstag
la saucisse	die Wurst
se lever	aufstehen
septembre*	der September
le serpent	die Schlange
s'il te plaît	bitte (du)
s'il vous plaît	bitte (Sie)
la sœur	die Schwester
le soleil	die Sonne
le soir	der Abend
son, sa, ses	sein, ihr, ihre
sous	unter
les spaghetti (m. pl.)	die Spaghetti
le sport	der Sport
la station service	die Tankstelle
le supermarché	der Supermarkt
sur	auf, über
le syndicat d'initiative	die Touristeninformation
la table	der Tisch
la tante	die Tante
le tapis	der Teppich
la tarte aux fruits	der Obstkuchen
le téléphone	das Telefon
la télévison	der Fernseher
le tennis	das Tennis
le thé	der Tee
le toit	das Dach
les toilettes	die Toilette
la tomate	die Tomate
ton, ta, tes	dein, deine
toujours	immer
tourner	drehen
tout droit	geradeaus
la tortue	die Schildkröte
très	sehr
tricoter	stricken
troisième	dritter, dritte, drittes
trouver	finden
un, une	ein, eine
le vase	die Vase
vendre	verkaufen
le vendredi	der Freitag
venir de	kommen von
le verre	das Glas
vert	grün
le vestibule	die Diele
veux-tu ...?	möchtest du ...?
la viande	das Fleisch
vieux, vieille	alt
le violon	die Geige
voici!	hier!
voilà!	da!
la voiture	das Auto

10. neu bearbeitete Auflage 2002

Titel der Originalausgabe: „French for Beginners“
Gesamtentwurf: Roger Priddy
Übersetzung und Bearbeitung der deutschen Ausgabe:
Friedrich Langreuter
Sprachliche Beratung: Françoise Holmes
Umschlaggestaltung der deutschen Ausgabe: Andrea Pfeifer
ISBN 3-7607-4720-5

www.arsedition.de

Die Deutsche Bibliothek - CIP-Einheitsaufnahme

Meine ersten Wörter und Sätze
Ill.: John Shackell.
München : Ars-Ed.
Französisch / Angela Wilkes.
Übers. und Bearb. Friedrich Langreuter.
Neu bearb. Aufl.. - 2002
ISBN 3-7607-4720-5

Taschenquiz

Wo **XXL** drauf steht ist auch extra viel drin: Mehr als 400 (!) spannende Fragen und verblüffende Antworten, gespickt mit einer Fülle witziger Cartoons, kommen in jedem Taschenquiz zum Einsatz – das macht die Quiz-Reihe unschlagbar!

Damit jede(r) sofort erkennt, haben ab sofort alle neuen Taschenquiz den **XXL-Button** auf dem Cover.

Ob allein, zu zweit oder in der Gruppe – das Taschenquiz mit den starken Cartoons kann überall und jederzeit gespielt werden. Immer nach dem Motto: Keine Lust auf Langeweile!

ISBN 3-7607-5772-3
Wissen und Spaß
2. Schuljahr

ISBN 3-7607-5773-1
Wissen und Spaß
3. Schuljahr

ISBN 3-7607-5778-0
Ganz schön schlau!

ISBN 3-7607-5776-6
Lach dich platt!

ISBN 3-7607-5781-2
Englisch

ISBN 3-7607-5774-X
Wissen und Spaß
4. Schuljahr

ISBN 3-7607-5775-8
Wissen und Spaß
5. Schuljahr

ISBN 3-7607-5777-4
Lach dich krumm!

ISBN 3-7607-5779-0
Rekorde

ISBN 3-7607-5780-4
Zaubertricks